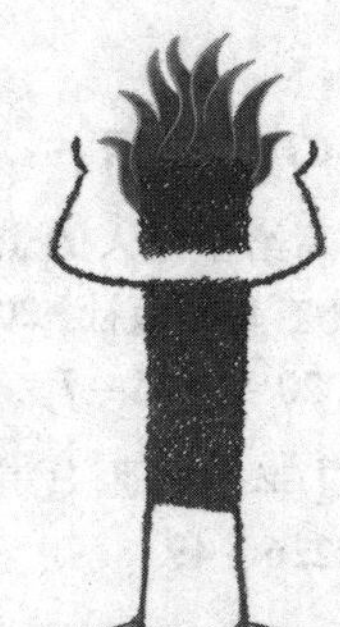

戒了吧！焦虑症

写给年轻人的焦虑心理学

李少聪◎编著

煤炭工业出版社

·北 京·

图书在版编目（CIP）数据

戒了吧！焦虑症：写给年轻人的焦虑心理学/李少聪编著. --北京：煤炭工业出版社，2016（2023.6 重印）

ISBN 978-7-5020-5145-7

Ⅰ.①戒… Ⅱ.①李… Ⅲ.①焦虑—心理调节—青年读物 Ⅳ.①B842.6-49

中国版本图书馆 CIP 数据核字(2016)第 000705 号

戒了吧！焦虑症

写给年轻人的焦虑心理学

编　　著　李少聪
责任编辑　刘新建
特约编辑　郭浩亮　曹刘霞
特约监制　朱文平
封面设计　金刚创意

出版发行　煤炭工业出版社（北京市朝阳区芍药居 35 号　100029）
电　　话　010-84657898（总编室）
　　　　　010-64018321（发行部）　010-84657880（读者服务部）
电子信箱　cciph612@126.com
网　　址　www.cciph.com.cn
印　　刷　三河市金泰源印务有限公司
经　　销　全国新华书店

开　　本　710mm×1000mm 1/16　印张　16　字数　180 千字
版　　次　2016 年 3 月第 1 版　2023 年 6 月第 3 次印刷
社内编号　7996　　　　　　定价　39.80 元

版权所有　违者必究

本书如有缺页、倒页、脱页等质量问题，本社负责调换，电话：010-84657880

前言

职场过劳，学业负累，家庭重担，情绪郁闷……过去的一年，这些是否是你工作、学习和生活的真实感受？“压力山大”是否成了你挂在嘴边的无奈调侃？

焦虑于生活中，无处不在。烈日之下久等不到出租车且又急着赶时间的时候，会感到焦虑；工作任务重时间要求紧的时候，会感到焦虑；经济紧张生活压力大的时候，会感到焦虑；夫妻关系不协调的时候，会感到焦虑；孩子不省心的时候，会感到焦虑；亲人身体有问题的时候，会感到焦虑……如今，焦虑早已不再是“弱势群体”的专利，而渐成一种社会普遍心态。

我们首先要明白，焦虑与一个人的社会地位和财富多寡并没有太多的关联。一些人当了官或者发了财，在外人面前很光鲜了，但于他自己来讲，却很焦虑。一些人却能在平淡的生活中找到自己的舒坦。就像那个关于别墅主仆的故事一样，主人在为维持别墅的不菲开支而操劳焦虑的时候，仆人却在完成简单的劳作之后惬意地享受着别墅里的一切。

引起焦虑的一个最主要原因，就在于把事情看得太过严重，当认为事情的严重性高于实际时，我们就容易感到焦虑，要改善这一点对我们造成的影响，就必须了解和学会管理自己的情绪，只要能够用更有益的方式来思考，就不会显得过度焦虑。

陷入焦虑的另外一个重要原因，就是对自己过度苛求或是喜欢与他人比较，当我们觉得别人的生活过得比我们好时，就容易产生嫉妒的心理，这样比较的心态，容易让我们觉得自己不够好，对自己的人生感到悲观，我们往往太过在意别人的看法，这样的想法让我们的生活充满压力，要摆脱这一点就必须放下比较的心态，并且用更客观的态度来面对自己。

还有一些人的焦虑根本不足挂齿，是典型的自寻烦恼，自己跟自己过不去。毋需焦虑的事情却让他们牵肠挂肚。生了病，除了看医生，我们还能怎么办？工作任务重，除了一件一件地干，我们还能怎么办？孩子不省心，除了多增进感情和教育引导，我们还能怎么办？房贷压力大，除了正视和淡定之外，我们还能怎么办？……这样的焦虑完全可以通过培养好的情绪管理能力，自我调节将它们抹去。

焦虑的种类繁多，就像是一场传播范围极广、持续时间极长的流行性感冒，还会随着一个人的心理状况恶化而不断蔓延，给我们平添了许多困扰和不必要的担心。如果发现及时可以将其遏制在开始萌芽的阶段，如果没有及时救治的就会引发多种并发症，严重的变成不治之症，而且恶化迅速，根治缓慢。

心理学家研究发现人的焦虑实际上是一个过程，它是由一系列的思想、感情、感觉和行为组成的。更好地理解你的焦虑和担忧的关键，就需要分别检查所有这些焦虑的组成部分。一旦你知道了你的焦虑和担忧如何表现出来，你就可以努力减少它们。焦虑症像是我们心中的一道枷锁，打开后你就能重见光明。

欲望越多，焦虑越多，许多人都知道这个道理，可就是不愿去控制，甚或还会放纵。把对自己的要求降低，也就没了过多的欲望与压力，生活自然会恢复轻松自由的状态，没有了压力，焦虑感自然无法生成。

大仲马说："人生是一串由无数小烦恼组成的念珠，达观的人是笑着数完这串念珠的。"

焦虑是我们自身心理郁结的结果，只要我们开朗地面对每一次压力的挑战，平淡地看待成功与失败，那么自然就可以消除化解。

目录

第一章　为什么你总是焦虑不安

第二章　心理治疗师的焦虑诠释

第三章　社交焦虑——克服社交恐慌

第四章　职场焦虑——摆脱完美主义的束缚

第五章　信息焦虑——走出网络，发现现实中的乐趣

第六章 生存焦虑——告别“压力山大”

第七章 欲望焦虑——选择越多并不越幸福

第八章　年关焦虑——别跟自己较劲

第九章　失去焦虑——不怕失去才不会失去

第十章　未知焦虑——你所担心的80%都不会发生

第一章

为什么你总是焦虑不安

为何越来越多的人被焦虑困扰

网上偶然看到一则新闻，标题是《葛优也焦虑了，崔永元是医生》，吓我一跳，真心有点不信，那个说话笑死人不偿命的光头竟然焦虑了？再一看这则新闻发布的时间挺早的，是2009年。

葛优在电影《气喘吁吁》中的造型和形象与以前有了极大的不同。他饰演的“假大款”患有严重的焦虑症，每天疲于奔命，为生活中各种难题所苦恼，制造了各种笑料。在一次访谈中，葛优也首次透露从剧中这个神经质的人物身上能找到自己的影子，因为他自己就患有焦虑症，而且之前从未向公众提及过：“首要表现是睡不着，现在都还老是失眠。”

葛优说自己有一次碰到曾自称患有抑郁症的崔永元，看他很憔悴，还说自己三天没睡觉了。葛优笑言：“我比崔永元好一些，我们俩一见面就说最近吃哪种药呢，都说这事，他好像比我还严重一点。”两人的交流大部分都集中在这个话题上。

其实，名人有压力也很正常，成功人士就像在聚光灯下生活一样，一举一动备受关注，为了保护自己的声誉，说话做事难免受制于舆论，顾虑越多，越易焦虑。

成功人士已经成了焦虑障碍的高发人群。这些人大多存在过于追求完美和理想主义的倾向。他们一般学历较高，事业发达，收入丰厚，在职业和社会地位上获得尊崇。

但是，在完美主义信念的推动下，他们往往过分在乎周围的想法，担心自己做得不够理想，此时成功成了一种强迫的需要，久而久之就会引起焦虑障碍。

心理学家认为，现如今焦虑和失眠是现代都市生活中很常见的，特别是成功人士，都不好意思说自己没焦虑过。葛优有着太多让人捧腹的作品，圈中好友都说他是个很好的人，很绅士——他的焦虑大概正是来源于他太在乎别人的感觉，太希望把快乐带给别人，才会和自己较劲。越成功的人越有一种怕在众人面前暴露出弱点的担心，而这种担心是压力来源之一。我们所熟知的艺人黄子佼、那英、孙燕姿、陈慧娴等，均患有或轻或重的焦虑症。心理学专家说，焦虑症正成为袭击现代都市人的一大顽疾。

事实上，在普通人群中，有高达三分之一的人患有不同程度的焦虑症。因为工作压力患上焦虑症的，在现代都市生活中，所占比例已达4成左右，销售、法律、自由撰稿等行业，都是焦虑症的“重灾区”。

焦虑症多数在中、青年期开始萌发，患者中女性比男性的比例高一倍。临床表现基本上有三组，亦可视为焦虑症的三大症状：1.伴有病理性焦虑情绪，持续性或突发性出现莫名其妙的恐惧、害怕、紧张和不安。有一种期待性的危险感，感到某种灾难降临，甚至有即将死亡的感受。患者担心自己会失去控制，可能突然昏倒或“发疯”。2.70%的患者同时伴有忧郁症状，对目前、未来生活缺乏信心和乐趣。有时情绪激动，失去平衡，经常无故地发怒，与家人争吵，对什么事情都看不惯，不满意。3.有认识方面的障碍，对周围环境不能清晰地感知和认识，思维变得简单和模糊，整天专注于自己的健康状态，担心疾病再度发作。

中国人，特别是那些中青年男人，每天加班加点经受工作压力重负的“工作狂”不在少数。“工作狂”听起来虽比“酗酒”“网瘾”高尚得多，但事实上，“工作狂”也属于心理疾病患者，在各单位的低、中级管理人员中尤为常见。而从事脑力工作的人也更容易有这种表现，因为体力劳动停下来就是休息，而脑力工作者会时时刻刻思考工作上的事。

根据最新的统计，不论在西方还是在东方，“工作狂”的人数都在不断增加。在过去的十年中，美国的工作狂增加了5成，日本增加了7成，在中国也增加了至少4成。

工作狂从来不把体力透支当一回事，浑身无力、容易疲倦、思想涣散、腰椎劳损等如家常便饭。这类人的精神也长期处于高度紧张中，往往容易患上焦虑症。

这类人具有“非此即彼”的思考方式，当选择变成“或者A或者B”时，它就在复杂的现实中创造出一个简单的假象。由于这两个选择是不相容的，因此，在两者间转换时不会进行整合，人就会形成焦虑的情绪。“需要获得外部证明”也是这类人的特征，他们的自我意识是由外部决定的，通过其他人的感觉而产生，由此导致难以辨别自我和他我的界限。

此外，知识成为焦虑的新来源。在信息爆炸时代，人们对信息的吸收量是呈平方数增长，但面对如此大量的信息，人类的思维模式远没有高速到接受自如的程度，就容易患上“信息焦虑症”，由此造成一系列的自我强迫和紧张，这种焦虑症普遍流行于每天都要面对高度压力与挑战性的工作环境或职业当中，记者、广告从业人员、信息员、网站管理员、IT从业人员等都是该症状的高发人群。

我曾在一篇传记中看到这样一段叙述，婚姻失败的煎熬以及产后抑郁，使得英国王妃戴安娜感到痛苦绝望。在一次出访中，面对摄像机，戴安娜故意躲开了查尔斯王子对她的礼节性亲吻。有关人士分析，这是戴安娜王妃逃避现实的手段。

正如之前所说，患焦虑症的女性要多于男性。而其中，孤独焦虑就是困扰女性的一大难题。值得注意的是，孤独焦虑并不是家庭主妇的代名词，事业成功的女性往往更容易陷入“高处不胜寒”的境地，当然，事业不成功的女人也并非就可以远离孤独的困扰。

波兰著名导演基耶斯洛夫斯基曾经说过：“无论在什么样的国度，孤独仿佛都是无所不在的痛苦，因为我们都活在自己的墙内。”

孤独的人也许从事着长期与人打交道的工作，但从内心角度，他们很容易执著于“小我”之中，这时“小我”就会成为一堵无形的墙，阻碍内心深处的“真我”与外部世界建立直接的联系。

有孤独感的人倾向于在社交时对他人和自己给予严厉的、苛刻的评价，在朋友身上花费更少的时间，不经常约会，也很少参加集会，甚至没有什么亲密的朋友。

他们对自己的伙伴不太感兴趣，常常不能对对方所说的加以评论，也较少向对方提供有关自己的信息；相反，这些孤独者更多的是谈论自己，并且常介绍新的与对方兴趣无关的话题。当别人期望他们多暴露一些时，他们却暴露得更少，而当别人不期望他们过多暴露时，他们却暴露得太多。

“互联网+”时代，焦虑成为一种流行病

十年前，那时戴尔还被所有教科书奉为经典案例，诺基亚和黑莓也被视为科技创新的代言人，但现在戴尔已经退出世界500强，诺基亚和黑莓纷纷被收购、前途未知。一台智能手机，把互联网移动起来，跟人的绑定程度远远超出了PC互联网时代，这种变化足以颠覆任何一个传统产业。跟十几年前互联网浪潮一样，每一次信息技术的革命，给企业界带来无穷想象空间的同时，也带来了转型的危机和被淘汰出局的恐慌。美国“创新之父”克莱顿·克里斯坦森说：“你要么是破坏性创新，要么你被别人破坏。”

2013年以来，爆炸式膨胀、病毒式扩散、颠覆、跨界打劫，移动互联网的冲击，让传统企业仿佛一夜之间突然感到了巨大压力和恐慌。整个商界一时焦虑四起，即使是BAT级的互联网大佬也“焦虑”万分：马云焦虑微信的强大，李彦宏焦虑阿里收购高德，马化腾焦虑余额宝……一向低调谨慎的李彦宏说：“中国互联网正在加速淘汰传统产业，传统产业都面临着互联网的冲击。传统产业再不焦虑，估计连怎么死的都不知道就被灭掉了。

当前，大到传统行业的龙头企业、互联网企业巨头，小至创业孵化企业，焦虑似乎成了共同的状态。

谈到传统家电零售业的商业模式“被颠覆”，苏宁云商副董事长孙为民感慨不已。几年前，人们还在为苏宁、国美之间的“美苏大战”揪心时，谁也想不到，以阿里巴巴、京东商城为代表的电商，竟以低价竞争优势，横扫整个零售业。

孙为民坦言，苏宁在互联网化转型过程中，遭遇了低价冲击，造成企业的毛

利率有所下降：“从五十多亿元的利润最低跌到几亿元，在我们这十几年的发展过程中没有过。”

在低价冲击下，一些企业举步维艰，有的行业日趋萧条。以传统百货业为例，RET睿意德中国商业地产研究中心发现，从2014年1月到2015年3月，百货业歇业持续。百盛百货、马莎百货、伊藤洋华堂等大型连锁百货的关店数量增加。北京一家商场的经营者焦虑地说，“在‘互联网＋’时代，百货行业有可能是一个‘即将消失的行业’。”

在“互联网＋”时代里，一些企业站上风口高歌猛进，但更多企业则陷入深深的焦虑之中。传统行业市场被侵蚀、用户被抢走、利润被压缩！想搭上“互联网＋”的高速列车，却找不到方向和入口！与此同时，面对残酷竞争和持续创新的压力，互联网企业开始担心躲在暗处的颠覆者随时出现！心神不宁，彷徨不定，仿佛一夜之间，“焦虑症”成为流行病。

奇虎360董事长周鸿祎说：“大家面对互联网都会普遍焦虑，主要表现在两个方面：1.对于互联网这个概念摸不清，不知道互联网对于企业自身意味着什么。2.现在企业不懂得如何利用互联网完成企业的转型升级。”

面对不明觉厉的“互联网焦虑症”，汪峰的一曲《存在》唱出了时下无数传统企业家的心声：“多少次狂喜，却备受痛楚，多少次灿烂，却失魂落魄，多少人笑着，却满含泪滴，谁知道我们，该去向何处，谁明白尊严，已沦为何物，是否找个理由，随波逐流，或是勇敢前行，挣脱牢笼，我该如何存在？”

“互联网+”时代使我们看到，企业淘汰和更替非常快速、非常残酷。最使大家感到震惊的是，柯达是美国文化的象征，有130多年历史，说倒就倒。所以，互联网加快了商业洗牌的速度。不管你的企业过去多么完善、成功，在互联网的冲击下，可能都不堪一击。

前不久柳传志邀请了10位创业者和媒体人参加“西山会议”，会议中柳传志透露，自已搞不懂雷军，甚至面对现在的一些新思维，也没有年轻人理解得那么快，或者一时理解不了，但是自己准备投资他们，然后再研究再学习。柳传志认为移动互联网对整个社会的颠覆是必然的，但是它有个过程。在这个过程之中，给了人们调整、尝试，甚至颠覆自己的机会。如果自己颠覆不了自己，就请别人来颠覆。

企业在这个时代的焦虑和尴尬，无疑来自于我们正在经历的各种商业革命。比“被征服”更为可怕的是“不知道会被谁征服”。面对焦虑，你甚至无法选择逃避。有人以为封闭自己、拒绝变化，就可以用种种手段阻挡潮流。殊不知，阻挡潮流换来的暂时苟延残喘，不仅会错失转型机会，而且最后无一例外会让自己死得更加难看。

在互联网的冲击下，传统商业巨头的优势，正在慢慢地被瓦解，以前打下的江山可能随时面临消失。这绝对不是骇人听闻，看看天猫、京东对苏宁、国美的冲击就知道了，令人最为头痛的是，下一个被颠覆的是谁还不得而知。所以这并不是王首富一个人的焦虑，而是传统企业巨头们面临的集体焦虑，包括联想、苏宁、格力等，似乎支撑过往30年中国经济发展的巨头都在其列，无一幸免。

面对焦虑，搜狐公司董事局主席张朝阳曾坦然地说：“我原来很焦虑，但是我必须解脱，寻找快乐之源，如果不解脱的话，我会一天天苍老下去，焦虑下去。”

几年前，张朝阳在杨澜的访谈中丝毫不避讳地剖析自己，他说，他曾尝试去美国找心理医生，大量阅读心理、精神类书籍，同时尝试在东方哲学中寻找自己焦虑的原因。

按照张朝阳自己的表述，2007年是其“思想分水岭”。在阅读了一些佛教书籍之后，有朋友介绍他开始看印度学者克里希那穆提的著作。“这些书让我突然意识到，自己过去几年想太多了，很多精神官能症患者都是想太多，钻牛角尖。我意识到了思考的危害性。”

后来，张朝阳在博客上把自己那段时间的感受写了出来，他写道：“效率、价值观与判断是通过大脑的记忆、分析、思考、认同来触发，放大自我的恐惧的，所以，焦虑来自于思想、思考，无焦虑来自于思想的止息。根据印度哲人克里希的观点，我们要学会观察、了解，但要让思想停止，真正地活在当下。”

有钱人焦虑，没钱人也焦虑

人们都认为，物质生活更为丰富时，人们的抱怨应该更少，人们的安全感应该更强，可事实恰恰相反，现阶段的社会焦虑几乎覆盖了所有人群。

在心理学上有一个著名的“瓦伦达效应”，它缘自一个真实的事件。

瓦伦达是美国一个著名的高空走钢索的表演者。在一次重大的表演中，他不幸失足身亡。他的妻子事后说：“我知道这一次一定要出事，因为他上场前总是不停地说，这次太重要了，不能失败；而以前每次成功的表演，他总想着走钢丝这件事本身，而不去管这件事可能带来的一切。”后来，人们就把专注于事情本身、不患得患失的心态，叫做“瓦伦达心态”。

而当一个人过分注重事情的结果，害怕将会有某种不良后果降临在自己身上，就会产生紧张惶恐、担忧害怕、坐卧不安、敏感多疑、焦躁不安的心态，有的人还会出现失眠多梦、肠胃不适、血压升高等症状。

在我国，比下有余、比上不足的中产阶层，本已过得算是体面，但是，却还要常常为职位难保发愁、为孩子前途担忧，总不能抛弃这些莫名的担心，过分的机警忧虑，所以也往往容易患上焦虑症。

现如今，形形色色、程度深浅各异的新“焦虑症”也被发掘出来，PM2.5焦虑、奶粉焦虑、过节焦虑、高薪贫困焦虑、儿童焦虑、考试焦虑、职场焦虑、恋爱焦虑、孕期焦虑、中年焦虑……显而易见，一方面，八十年代以来，短短三十多年间已发生和正在发生的社会变迁、经济飞速发展、市场竞争、规范缺失、保障缺位等把人们置于深沉的、多种多样的焦虑之中，比学赶超带来的焦虑已经内化为当代人心理和生活的一部分；另一方面，贴着不同标签的群体有着不同的众多焦虑，不管是下岗工人、失地农民、进城务工人员、“蚁族”，还是公务员、企业家、知识分子，抑或是从小、中、大学生到年轻白领，再到中年骨干，甚至是退休老人，都不同程度地存在着各种焦虑，严重影响到各自的幸福感。

一直以来，媒体亦极其关注当前社会的集体焦虑和公共焦虑。的确，在喧哗而骚动的“互联网+”时代，面对环境污染、贫富差距、腐败高发等诸多问题，普通人的情绪往往被点点滴滴地激发出来并高度密集地膨胀在一个特定空间里，焦虑已不复是一种个人心理和情绪，“沸腾心理”产生出泛化的社会焦虑。“有钱人焦虑，没钱人也焦虑”，“三躁”（急躁、浮躁、暴躁）大行其道，对于这样的社会现象，有学者将其诊断为“全民焦虑症”，视其为当代中国的“社会病”。

据一项网站的调查结果显示，80.1%的受访者经常使用“烦躁”“压力山大”“郁闷”“纠结”来表达心情，74.5%的受访者认为身边70%以上的人会不定期出现焦虑状况；而88.9%的受访者同意“全民焦虑症”已成当下中国的社会病。

梳理受访者的意见，可归结为三个方面：1.目前的焦虑症并非仅发生在特定人群，从东部都市到西部农村，从普通民众到达官巨富，焦虑蔓延于每一个群体，不同群体有着不同的焦虑对象，却有着共同的焦虑心理；2.焦虑也不仅仅是个人的事情，工作压力、婚姻家庭固然让人焦灼，但贫富差距、环境恶化、食品安全更令人忧虑；3.焦虑、浮躁的情绪体现在社会生活的方方面面，自嘲为“屌丝”折射焦虑，对公共事件的过激反应体现焦虑，对外妄自菲薄或过于强硬都是源于焦虑，“老不信”更是一种深沉的焦虑。

综合数据和材料，不难看出，财富在增加，快乐却在减少，伴随各种社会问题和现代化负面影响的累积，焦虑确实已经超越了个体化的心理状态，成为一种普遍的社会心态，“全民焦虑”是为时代的病症。

社会学者认为，社会焦虑的出现，一方面源于当代中国正经历急速地转型，人的流动性加剧，相应的社会建设却不配套，强化了社会成员对生活的不确定感。另一方面，也是由于随着社会成员个性意识、财产意识和维权意识的觉醒，人们对现实的生活质量以及未来的美好生活更加重视了。

现今的焦虑症确已蔚成声势、病势深沉了么？或许也不尽如此，因为调查结果还显示，高达81.1%的受访者认为焦虑情绪会“传染”。专家也指出，焦虑情绪确实存在“传染”效应和放大效应。从公众的信息渠道来说，微博、微信及移动互联网等新媒体的发展，使得公众随时随地发声成为可能。当下中国社会急速转型、变革，社会矛盾加剧，各种冲突也随之而来，“好事不出门，坏事传千里”，负面信息容易发酵，公众的焦虑情绪往往因此而无谓加重。从传媒规律而言，媒体报道本身就具有对事件的放大效应，再加上新媒体不仅能够制造、发布和传播新闻，还促进了发布者、评论者、浏览者三方之间的交流，由此形成了一种更加多向的交流空间，导致公众的焦虑情绪传染速度更快。从社会心理学角度来看，群体的普遍性格特征容易受无意识支配，这种“无意义”的网上发声有时只是在试图缓解焦虑、无聊等情绪，这可以解释为什么人们常常会把“郁闷”“压力山大”等挂在嘴边，这是一种变相的宣泄方式，多由传染导致。事实上，在群体中，每种感情和行动都具有传染性，比如愤怒行为导致的“踢猫效应”，就是说愤怒行为也是会“传染”的。

告别“全民焦虑症”，不仅是政府管理，媒体、专家积极介入的过程，更是一个全民参与的过程，个人也当做出努力。在调查中，多数受访者赞同，每个个体最应努力做到的四点是：1.“行动改变中国，点滴从我做起”，占比49.2%；2.“更理性客观地看待各类社会问题”，占比47.5%；3.“学点心理学，学会调试心情”，占比42.4%；4.“不抱怨、不盲从，培育积极心态”，占比34.1%。

习近平总书记曾谈到：“其实老的问题和新的问题，在中国社会里面同时存在。老的问题解决了，我们还在面对新的问题，在问题面前也急不得，要用生活的淡定去面对这些问题。”有专家也指出，现代社会的一个重要特点，是它似乎给每个人都提供了流动的机会，但通过流动而真正实现最初希望的人并不会太多，大多数人可能都认为先前的目标没有实现，因而产生了焦虑。

必须混出个“人样”来——在焦虑中挣扎的现代人

我们经常可以在影视作品中听到这样的话：“我一定要混出个人样来！”“如果不混出个人样来我绝不回来见你！”这样的话听起来掷地有声，其实却展现了现代文化和价值观对人性的压制和伤害！

什么叫混出个人样来？难道在家乡就没有人样吗？很显然，这位发誓的人肯定遭受了非人的歧视，所以要出去寻找尊严！甚至找回一个“有人样”的尊严之前，就再也不想回来了，可见伤害之深！

心理学家把这样一种心理归纳为成功焦虑症，表现为由于渴望“成功”，又无法达到，从而出现焦虑、失眠，性情暴躁，甚至免疫力愈下等症状。成功焦虑症是一种折磨现代人身心的时代病症。随着现代化的推进，消费主义和功利主义的盛行，弥漫在社会各个角落的浮躁风气强烈挟裹着人们的心灵，成功变得令人那么迫不及待，那么狭隘偏执。无数人的人生理想和人生趣味，被不自觉地套上了“成功”的枷锁，人们迷恋着，享受着，却又焦虑着，失落着，对成功的渴求已导致普遍的社会焦虑，“成功焦虑症”成为一种折磨现代人身心的时代病症。

从文化传统来说，“成王败寇”“建功立业”等文化观念长期占据人们意识形态的顶峰。一个孩子刚生下来，就被灌输了这样的观念，而且在每一个细节中被进行强化，从此，一个人的人生观便被彻底地绑上了追逐“成功”的战车。在这种文化的熏陶下，很多人都患上“完美主义”病症，用一切完美的标准要求自己，容不得半点瑕疵和失败，除了成功，个人的喜怒哀乐已不足与外人道也。

当前社会“风尚”影响下，大家都在往“成功”的独木桥上涌，社会评价标准是单一的，导致人人都想做CEO，人人都追求大富大贵、出人头地。当代青年多有“成功焦虑”，这是社会巨变在他们身上的折射。进入互联网时代，技术、观念、信息更新的速度日新月异，因此比尔·盖茨要说：“正是这种‘时不我待’的环境，给了现在的年轻人‘饥渴成功’的主观体验，让他们产生生存、发展、成功的压力。”同时，在知识经济时代，我们的社会出现了一批年轻的富人、年轻的行业领航人、新的高知群，让其他那些更多的普通年轻人，看到了年轻人可以成功的实例，燃起强烈的成功欲望，一旦受阻，焦虑感便愈来愈强烈。

基于狭隘的成功标准，普通人实现自己的理想就显得困难重重，民众心理上存在着“被社会边缘化”的危机感。同时，一个社会当中，如果社会资源配置多向强者积聚，普通人就会有一种危机感和不安全感，这就迫使他们更急切地去追求所谓的成功。主持人朱力安说：“相比来说，中国人更渴望成功，而发达国家的人对成功的渴望程度不那么高，对好的生活品质的渴望程度更高。中国人总觉得，我的钱多，我就能让家人过上幸福的生活。”

这让人想起了两年前离家出走的北京某名牌大学研究生C。在C看来，一个生活在大城市的年轻人，一个名牌大学的研究生，如果不能拥有出国留学经历、好工作、大房子、跑车、漂亮女朋友等“硬件”，就实在是“混”得太惨，就是一个彻底的失败者，一个可怜的弃儿。

像C这样渴望拥有多种“硬件”并用以证明自己成功的年轻人，在我们周围并不罕见。由于他们对成功抱有迫切的期待，一旦不能如意甚至落拓失意，就可能陷入一种欲罢不能的焦虑之中。其实，医学上的“焦虑”原本不是坏事，它可以视同为一种忧患意识，能使人警醒、催人奋进，具有使人进化的意义。但焦虑如果发展到极端，就成了一种心理障碍，使人充满了过度的、长久的、模糊的忧愁和担心。一般的焦虑都有一定的诱因，“成功焦虑症”的诱因，无疑在于流行的社会意识对所谓“成功”的片面认定与过度强化。人们耳目所及，能挣钱、挣大钱、香车豪宅、出人头地、富贵还乡、赢者通吃、名利双收，通通都是“成功”的代名词，一个人如果不成功，仿佛真的就是一个可怜的loser。

当年张爱玲说，成名要趁早；今天的年轻人则被告知，成功要趁早。“从美国的比尔·盖茨到中国的张朝阳，一大批财富英雄年纪轻轻就腰缠亿万富可敌国，瞧人家那钱是怎么挣的？如果比尔·盖茨和张朝阳学不了，可小学同学张三、中学同学李四，还不同样是一张嘴两只手，一眨眼的工夫人家就发了，我为什么就不行呢？鱼有鱼路，虾有虾路，我又何必老是苦哈哈地作茧自缚？”从“成功学毒药”到“成功焦虑症”，“成功”误人子弟的悲剧何其多矣！

当务之急，是必须改变那种把所谓“成功人士”塑造成时代英雄的单一意识导向，帮助年轻人培养朴素的成才观念和多元的生活理念，引导他们做有远见、有耐心、从容大气的劳动者。应该让年轻人相信，成功虽然有一些外在的评价指标，但更多地取决于当事者的内在感受；一个人对自己的成功认可度，与他在事业上已经取得成就的大小，特别是与他所拥有物质财富的多寡之间，并无必然的联系。

应该让年轻人懂得，世界上既有少年得志，也有大器晚成，既有万众瞩目的荣耀，也有清虚自守的安宁。当国家和社会建立起了新的评价体系，在各自不同的领域和地域，在不同层次和程度上付出了劳动、做出了成绩的公民，都将享受到足够的荣誉，树立起自己的尊严和成就感。虽然由于禀赋、性格、成长环境、发展机遇的差异，绝大多数人终其一生注定了不可能成为比尔·盖茨，但只要踏踏实实走好生活的每一步，我们每个人都是骄傲的成功者。

“母焦虑，子继承”，父母要注意

父母的焦虑可以“遗传”给下一代？很多专家对这个问题投入精力去研究，然而一直没有肯定的答案出现。不过，最近在线发表于《美国精神病学杂志》上的一项研究结果表明，父母和子女焦虑的个性特质之间之所以存在很大的相关性，其实不确定是基因在起作用，但是能够确定是跟父母及其子女之间的相处和互动有关系的。

这提示人们，儿童和青少年容易焦虑的个性特质更可能是受父母的影响，或者有些是无意当中通过心理模仿，从其父母的个性和行动中学习到了焦虑情绪和行为。

研究者指出，父母的焦虑是否会通过基因遗传给下一代还是不确定的事情，然而，对于焦虑和神经质，存在更显著的父母及其青少年后代的直接环境传播，也就是说父母通过与孩子之间的互动而把焦虑的个性特质“教”给了孩子。所以，这种焦虑的个性特征也并非通过基因“遗传”，而是通过家庭环境的渲染来传递的。

比如“脆弱儿综合征”是当今社会上比较流行的“病症”，家长对孩子过多地保护，反而孩子就越会生病。小D就是在这样的家庭里成长的，他是家里的中心，除了爷爷奶奶对他疼爱有加，小D的妈妈是一个比较容易焦虑的人，总担心孩子着凉会生病，也不敢让小D像别的孩子那样参加户外活动。因此，尽管小D已经上了大学，还是像小时候那样体弱多病，而且稍微有身体上的不舒服，自己就会特别紧张，远离了父母的保护，小D心里总是感觉没底，也经常感觉很紧张。后来因为心脏经常不舒服，小D总去医院做检查，医生说他太焦虑了，需要去看看心理医生。

小D的例子从一个侧面反映了家长的焦虑情绪往往会无形当中潜入到孩子的内心，会对孩子性格造成非常重要的影响，让孩子在生活和学习当中的心理抗压能力变得比较脆弱。

心理学家调查发现，几乎所有家长在养育孩子的过程中都会带着自己成长的烙印。焦虑，从某种程度上来说，可能也有类似的代际传递。“很多时候，父母是如何把我们抚养长大的，我们也会如何把孩子抚养长大。”心理学家进一步解释，当代孩子的祖父母辈都经历过动荡的年代，祖父母辈是缺乏安全感的一代。缺乏安全感势必会引起焦虑，而这种情绪，同样也会传达给父母这一代人。

尤其是母亲，是孩子安全感的主要来源。但是现代的母亲不仅面临家庭育儿的压力，还要应对工作压力。如果母亲对自己的工作并不那么满意的话，那么就会更焦虑，希望孩子能比自己做得更好。

按照社会学和教育学的原理，在孩子2岁以前，母亲的角色就是“奉献”。根据科学家的观察，孩子在1岁的时候就能够读懂母亲的情绪了，而当母亲童年没有建立起足够的安全感，又在成年后面临各种竞争，就更加无法把稳定的情绪传递给孩子。

很多时候家长对自己的焦虑情绪很难觉察，会认为这是对孩子的爱，是对孩子有好处的。然而，父母们这么想是因为他们不了解这样“过度”的焦虑对孩子将来的影响有多大。

因此，要想避免将容易焦虑的性格特点再“传递”给下一代，父母们就要在养育孩子的过程当中不断学习，补充知识，不只是关于身体的保健知识，也包括关于情绪的保健知识。这样就会对自己和孩子身上出现的各种身体和心理上的问题有所了解，避免遇到问题时不知所措。

如果要避免孩子会“遗传”过多的焦虑特质，父母就需要在孩子面前要尽量保持适当的情绪平静，不要显得太慌张。

还有些时候，父母的焦虑情绪还会通过言语传递给孩子，比如经常训斥孩子“你就是不如别人家的孩子”“你怎么什么事情都做不好”“学习不好，你这辈子就完了”，等等。这些伤害孩子自信心的言语往往使孩子对自己的能力产生很多焦虑，却埋藏得很深，当遇到压力时会采取各种方式去逃避。

最重要的一点，是父母要学会自我情绪调控。因为不同的人情绪免疫力是不同的，家长需要不断地增加自身对负面情绪的调控能力，才会在养育孩子的过程中更加从容。养育孩子的过程，其实也是父母在养育自己内心里没有完全长大的那部分。

每位家长都有纠正焦虑遗传基因的机会。有心理专家说：“父母应知道，他们应该划清自己和孩子的界限，只有这样，他们才会减少焦虑情绪，更少地把焦虑传染给孩子。”

尽管家长们常抱怨外部教育环境非常不理想，大批的家庭在督促孩子提前学习和参加大规模补课，连孩子都主动提出要补课。但是，心理学家们认为：“我们无力改变外部环境，唯一能改变的只有我们自己和孩子，对于大多数父母来说，在孩子上学前应建立孩子内心的强大，这样，即便将来孩子遇到挫折，也能从容以对。”而且，不同年龄段孩子的父母，他们对孩子起的作用也应有区别。

例如：小学阶段，家长要关注孩子的学习感受，不强调成绩，尤其是三年级以前。因为小学阶段的教育目的是让孩子喜欢学习，习惯学校环境，增进孩子和同龄群体的相处能力。而到了中学生阶段，家长要关注如何帮助孩子学习得有效，提高效率。

当孩子进入青春期后，不论是学习还是生活上，如果孩子遇到问题，父母必须秉持首要原则不求助，不施助。父母应让孩子知道：“我理解你会遇到很多问题，也允许你犯错，只要你需要，我随时会帮助你，但不会替你承担责任。”其次就是信任、尊重和接纳孩子。

焦虑自评量表——测一测你焦虑了没有

焦虑自评量表(SAS)由Zung于1971年编制，从量表构造的形式到具体评定的方法，都与抑郁自评量表(SDS)十分相似，用于评定焦虑病人的主观感受。

SAS共20个项目，评定的时间范围，应强调是“现在或过去一周”。

1. 计分方法

SAS的主要统计指标为总分。在自评者评定结束后，将20个项目的得分相加，即得粗分，乘以1.25以后取整数部分，为标准分。

2. 结果解释

量表协作组对1158例中国人进行研究，结果20项总粗分均值为29.78 ± 10.07。总粗分的正常上限为40分，标准总分为50分，略高于国外的30分和38分。SAS可以反映焦虑的严重程度，但不能区分各类神经症，必须同时应用其他自评量表或他评量表如HAMD等，才有助于神经症的临床分类。

3. 焦虑自评量表(SAS)内容及注意事项

指导语：表中有20条文字，请仔细阅读每一条，明白意思后，根据你最近一周的实际感受，在右边适当方框中打“√”，每一条文字后有4种选择。请不要漏评任何一个项目，也不要在相同的一个项目上重复地评定；量表中有部分反向（即从焦虑反向状态）评分的题，请注意在填分、算分、评分时的理解；本表可用于反映测试者焦虑的主观感受，对心理咨询门诊及精神科门诊或住院精神病人均可使用，但由于焦虑是神经症的共同症状，故SAS在各类神经症鉴别中作用不大；关于焦虑症状的临床分级，除参考量表分值外，主要还应根据临床症状，特别是要害症状（要害症状包括：与处境不相称的痛苦情绪体验、精神运动性不安、植物神经功能障碍）的程度来划分，量表总分值仅能作为一项参考指标而非绝对标准。

下面请开始测评：

1．我觉得比平时容易紧张或着急

A□　　B□　　C□　　D□

2．我无缘无故在感到害怕

A□　　B□　　C□　　D□

3．我容易心里烦乱或感到惊恐

A□　　B□　　C□　　D□

4．我觉得我可能将要发疯

A□　　B□　　C□　　D□

*5..我觉得一切都很好

A□　　B□　　C□　　D□

6.我手脚发抖打颤

A□　　B□　　C□　　D□

7.我因为头疼、颈痛或背痛而苦恼

A□　　B□　　C□　　D□

8.我觉得容易衰弱或疲乏

A□　　B□　　C□　　D□

*9.我觉得心平气和，并且容易安静坐着

A□　　B□　　C□　　D□

10.我觉得心跳得很快

A□　　B□　　C□　　D□

11．我因为一阵阵头晕而苦恼

A□　　B□　　C□　　D□

12. 我有晕倒发作，或觉得要晕倒似的

A□ B□ C□ D□

*13.我吸气呼气都感到很容易

A□ B□ C□ D□

14.我的手脚麻木和刺痛

A□ B□ C□ D□

15.我因为胃痛和消化不良而苦恼

A□ B□ C□ D□

16.我常常要小便

A□ B□ C□ D□

*17.我的手脚常常是干燥温暖的

A□ B□ C□ D□

18.我脸红发热

A□ B□ C□ D□

*19.我容易入睡并且一夜睡得很好

A□ B□ C□ D□

20.我做恶梦

A□ B□ C□ D□

SAS采用4级评分，主要评定症状出现的频度，其标准为："A"表示没有或很少时间有，评1分；"B"表示有时有，评2分；"C"表示大部分时间有，评3分；"D"表示绝大部分或全部时间都有，评4分。20个条目中有15项是用负性词陈述的，按上述1～4顺序评分。其余5项（第5，9，13，17，19）注*号者，是用正性词陈述的，按4～1顺序反向计分。

按照中国常模结果，SAS标准分的分界值为50分，低于50分者为正常；50～60分者为轻度焦虑；61～70分者为中度焦虑；70分以上为重度焦虑。中度以上焦虑者建议到精神专科咨询就诊，排除焦虑症。还有比较常用的焦虑量表是汉密尔顿焦虑量表，由医生进行测评。

焦虑症和抑郁症通常是一组神经症，重度焦虑症会诱发抑郁症的发作，而抑郁症在发作的时候总是会伴随焦虑情绪，因此焦虑症和抑郁症都是需要我们重视的疾病，做好焦虑、抑郁的自我测评，也可以使我们提早做好这些心理疾病的预防工作。

焦虑、抑郁的自我测评还是需要大家自己来进行，因为自己的心理活动只有自己最为清楚，当大家感觉自己的情绪出现不对劲，或者是抑郁情绪持续时间过长的时候就应重视起来了，及时做好调节工作很有必要，只有及时做好调节才可以使自己远离焦虑、抑郁的困扰，希望以上介绍对大家有所帮助。

第二章

心理治疗师的焦虑诠释

叶克斯·道森定律——过度焦虑阻碍能力的发挥

从前有一位神枪手，名叫威廉。他练就了一身的好枪法，每一枪都能射中靶心，从来没有失过手。人们争相传颂，对他高超的技术非常敬佩。

国王从手下嘴里听说过这位神枪手的本领，也目睹过威廉的表演，十分欣赏他的功夫。有一天，国王想把威廉召入宫中来，单独给他一个人演习一番，好尽情领略他那炉火纯青的枪法。

国王命人把威廉找来，带他到花园里找了个开阔地带，对威廉说："今天请你来，是想请你展示一下你精湛的枪法。为了使表演不至于沉闷乏味，我来定个赏罚规则：如果射中靶心的话，我就赏赐给你一千个金币；如果射不中，那就要罚你五百个金币。现在请开始吧。"

威廉听了国王的话，一言不发，面色变得凝重起来。他慢慢走到离靶子一百步远的地方，脚步显得相当沉重。然后，威廉从旁边准备好的箱子里取出一把枪，摆好姿势开始瞄准。

想到自己这一枪事关上千个金币的命运，一向镇定的威廉呼吸变得急促起来，拿枪的手也微微发抖，瞄了几次都没有把子弹射出去。威廉终于下定决心扣动了机关，子弹"咻"得飞过，"啪"地一下打在离靶心足有几寸远的地方。威廉脸色一下子白了，他再次上膛发枪，精神却更加不集中了，子弹打中的地方也偏得更加离谱。连发了好几枪，都没有射中靶心。

威廉只好向国王告辞，悻悻地离开了王宫。国王在失望的同时掩饰不住心头的疑惑："这个神枪手平时百发百中，为什么今天跟他定下了赏罚规则，他就大失水准了呢？"

美国管理学家卢因说过一句话："过度地追求目标，可能有损于行动和效率。"威廉平日打靶，不过是一般练习，在一颗平常心之下，水平自然可以正常发挥。可是如今他射出的成绩直接关系到自己的切身利益，叫他怎能静下心来充分施展技艺呢？

其实，威廉的失手可以用心理学中的"叶克斯·道森定律"来解释。

1980年，心理学家叶克斯·道森通过研究发现：个体智力活动的效率与其相应的焦虑水平之间存在着一定的函数关系，表现为一种倒"U"形曲线。即，随着课题难度的增加，个体焦虑水平也增加，与此同时，个体的积极性、主动性以及克服困难的意志力都会随之增强，此时焦虑水平可以对个体的办事效率起到促进作用；当焦虑水平为中等时，个体能力发挥的效率最高；而当焦虑水平超过了一定限度时，会给个体带来严重的心理负担，进而对其学习和能力的发挥产生阻碍作用。

这种曲线关系后来就被人们称为"叶克斯·道森定律"。叶克斯·道森定律向我们揭示了一个显而易见的道理：轻度紧张，适度焦虑，会调动人的生理、心理中的各种积极因素，促进个体临场竞技水平的发挥。可是，如果过分紧张，焦虑过度，则会使人出现精神疲劳和心理疲劳的现象，进而严重地影响个体能力的发挥。

一些心理学家在做测试时，也会把"焦虑"分为低、中、高三个等级水平：当一个人的情绪过于松懈，一点儿也不紧张时，学习和工作的效率会很低；当情绪稍微有些紧张但又不过分紧张时，他的学习和工作的效率最高；当情绪过于紧张时，他的学习和工作的效率又降下来。

所以，在面临重大行动之际，我们一定要根据自己的实际能力和目标的相对难度来调节自己的焦虑水平，做到张弛有度、量力而行。

可是有时候实在是过于焦虑、紧张该怎么办呢？不要着急，试试下面的方法吧。

做深呼吸。这是最为常见、最为简单的心理疗法。找一个相对安静的地方，闭上你的眼睛，放松身心，慢慢地吸气、吐气，吸气要深、满，吐气要慢、匀。

如果时间有限，也可以闭目养神，安定情绪。

尝试一下阿Q的精神胜利法。虽然这有点像自欺欺人，但是在很多情况下这招还真管用呢。在心里默默地对自己说："我是最优秀的，这件事我一定能做好。如果我都不行，别人肯定也不行。""我准备得很充分，一定可以成功!""紧张和担心都是没有任何意义的！"

转移视线。一直盯着某个物体，比如一棵树，仔细琢磨它的大小、形状、颜色等，可以帮助你把注意力从你所焦虑的事情上转移开来。

临场做小动作。心理研究发现，过于紧张、焦虑会使体内产生大量的热能，而原地走动、小跑、摇摆、踢腿等活动可以释放紧张情绪产生的热量，缓解压力。

想象美好的事物。紧张的时候，不妨回忆一下人生美好，比如和至亲好友相聚的瞬间，故乡的蓝天、白云、微风、流水等。

消遣娱乐。幽默风趣的综艺节目，美妙动听的音乐，轻松搞笑的电影、动漫，都可以让你紧绷的神经得以放松，心情舒缓，重新获取优越感，恢复自信。

寻找心理平衡。看看你周围人的状态，你会发现，他们和你一样紧张兮兮，你并不孤单。想到这里你的心里多少会好受一点。

想象最坏的结果。将自己想要达到的效果、害怕承受的后果列在白纸上，然后告诉自己"最糟糕的情况也不过如此，没什么大不了的""即使那样，天也不会塌"。

当然，缓解焦虑的最好办法是调整自己的心理预期。尤其是重大行动之际，更要根据自己的实际能力和目标的相对难度来调整自己的心理状态。

弗洛伊德的焦虑进化论

西格蒙德·弗洛伊德是奥地利精神病医师、心理学家、精神分析学派创始人。他对“焦虑”问题的研究有一套较为详细的理论。

综合一些权威学者的观点，弗洛伊德对“焦虑”的研究可以划分为三个时期。

1.萌芽时期。

早期的弗洛伊德对“焦虑”的认知带有明显的纯生物学的倾向。他认为，焦虑主要起源于力比多（泛指一切身体器官的快感。弗洛伊德认为，力比多是一种本能，是一种力量，是人的心理现象发生的驱动力）的生理积累，与缺乏性活动有关。焦虑既可以是力比多积累的表现，也可以是力比多宣泄的表征。由于焦虑主要是一种生理能量的积累，所以是无法通过心理治疗的方法治愈。

在1895年左右，弗洛伊德在著作《癔症研究》、信件以及一些小文章中开始提到了焦虑的心理起源。他认为，焦虑是对外界危险的反应。

1900年前后，弗洛伊德的著作《释梦》发表。这时候，他对焦虑的描述开始真正倾向于心理因素。他认为焦虑本质的形态有：对外界危险的反应，躯体功能不足的表现，心理力比多和躯体力比多的转换，掩饰潜意识中压抑的欲望却失败的结果等。

2.力比多时期。

这一时期，弗洛伊德做了几件大事。1909年，他发表了自己最著名也是最成功的一个病例——小汉斯案例。1910年，他提出了“出生是最早的焦虑”。1913年，在《图腾和禁忌》中，他论述了焦虑和内疚的关系。1917年在《精神分析引论》第25讲中他对焦虑进行最完整的论述。

弗洛伊德认为，最早的焦虑起源于出生时的内环境改变和与母亲的分离，他说：“我们自然要相信有机体经过了无数代，已深深埋有重复引起这第一次焦虑的倾向，所以没有一个人能免得掉焦虑性情感。”同时他也指出，对力比多的各种防御也可能形成焦虑，他说：“力比多失去自身正常的应用，便足以引起焦虑。心理方面的反抗也可使力比多失去常态的应用而引起焦虑。”

在弗洛伊德的研究中，焦虑被分成了两大类：真实性焦虑和神经症焦虑。真实性焦虑是自我的自我保存本能的结果，是人们面对真实的危险产生的情绪。神经症焦虑包括三种情况：广泛性的、飘浮性的焦虑，也被称为“期待焦虑”；有明确内容的恐惧；对没有明显威胁性的事物感到的自发的焦虑。

弗洛伊德认为，任何情感、兴奋、任何形式的力比多都可以转换成焦虑，所以有人把他这个时期的焦虑理论称为“焦虑的力比多经济论”。

3.自我论时期。

如果说在第二个时期，弗洛伊德的焦虑理论还停留在心理学层面，那么1923年以后，他已经全面转向用人格三部论来研究焦虑。

1926年，他发表了《抑制、症状、焦虑》，1933年，他又发表了《精神分析引论新讲》。在这些著作中，他提出：“自我是焦虑的实际所在。”他认为，“焦虑起源于超我和本我之间的冲突，焦虑是潜意识中存在着危险的一个信号，为了回应这个信号，自我会动用一系列的防御机制，从而防止那些不为人接受的冲动和欲望进入意识层面。如果作为信号的焦虑不能激发起自我的防御或防御失败，那么就会出现持续的焦虑状态或者其他神经症的症状。”在他看来，“焦虑既是冲突的产物又代表着自我为消除冲突所作的努力。”

总的来说，在弗洛伊德的焦虑理论中，一直存在着两条思维路线：一条是生物学的，这产生了他的力比多论；一条是心理学的，这产生了他的自我论。这两条路线造成了弗洛伊德理论的多元性和矛盾性。

虽然，从现在社会的角度来看，弗洛伊德关于焦虑的论述充满了矛盾和前后不一致的地方，但是在精神病学界和临床心理学界，一般还是认为弗洛伊德是对焦虑理论建构做出最大贡献的人。

克尔凯戈尔：存在即是焦虑

克尔凯戈尔，丹麦哲学家、神学家，一直被认为是现代哲学的奠基者之一，也是存在主义哲学家们公认的鼻祖。黑格尔逝世后，其空前庞大的哲学体系分崩离析，叔本华、尼采和克尔凯戈尔功不可没。

1813年，克尔凯戈尔出生于哥本哈根一个笃信基督教的富裕商人家庭。他的父亲在前任妻子弥留之际与家中女仆生下了他，此后他的父亲一直深感罪孽深重。父亲去世后，他们一家人由于担心受到上帝的惩罚而整日生活在焦虑、忧郁的氛围中。这场来自家庭的情绪瘟疫也影响了克尔凯戈尔的一生，他终身隐居，忧郁孤独。然而这也促使他拥有了更多思考的机会。

克尔凯戈尔最早提出“存在即是焦虑”是在《恐惧的概念》一书中。他认为，焦虑是人在进行自由选择时，必然存在的一种心理体验。他说：“人在生命的旅途中处处面临选择，就像走一条新路一样，我们无法预见路的彼端究竟隐藏着何种危险，因而必然产生焦虑的体验。”

关于焦虑产生的原因，克尔凯戈尔认为它和人的自我意识形成和发展有关：“儿童的自我意识尚未形成，因此对儿童来说只有害怕而无焦虑，一旦自我意识形成，儿童就会有独立的倾向以及选择自己生活道路的意愿，焦虑也就随之出现。”

在人的自我存在上，克尔凯戈尔有自己的见解。他说：“人的自我并不是意识和思维，而是内在性和激情，自我实际上是人的心理体验，是心境，是情绪、情感和意志。当个人处于心理体验这种意识中时，最直接、最生动、最深切体验到的是痛苦、热情、需要、情欲、模棱两可、暧昧不清、荒谬、动摇等的存在。”

他指出，人是介于无限、永恒、自由和有限、暂时、受限，人性和神性之间未完成了的东西，人是不确定的，处在不断的抉择和生成过程中。人的存在是建立在矛盾之上，内在于人之存在的两极是不可调和的。他认为，调和是一种幻象，处于调和状态之中就意味着终结，而存在则意味着生成。

在此基础之上，他把人的存在划分为三个阶段：唯美阶段、伦理阶段、宗教阶段。

处于唯美阶段的人像莫扎特歌剧和拜伦长诗中的唐·璜一样，沉湎于欲望的满足，一旦眼前的欲望得到满足了，就会寻找下一个目标。可是在享受着尘世生活的喧嚣和骚动之后，很快就会被孤独、忧郁的情绪所包围。

克尔凯戈尔说：“唯美生活的结局就是满怀着孤独和痛苦死去。这种生活是精神的失落、是无限的空虚。处在唯美生活中的个人只能是焦虑而绝望的。”而绝望是一种致命的精神疾病，因为它会使人陷入虚无和沉沦。

有别于处于唯美阶段的人，伦理阶段的人，知道这世界处处设限，充满着不可能，所以他们就只有放弃，结果陷入另一种绝望之中。

由于在世俗社会中找不到精神的归属，人变成了“信仰的骑士”，背离人类和社会，开始踏上对内心信仰的朝圣之路，这就是宗教阶段。这个时候，人在理性上非常明白事情的不可能性，但正是这样只有信仰荒谬，人才能重获希望。

其实，克尔凯戈尔的理论向我们传达了这样一种观点：如果没有宗教信仰的支撑，所有人的日常生活在本质上都是焦虑和绝望的。换句话说，所有人的自我从本质上来说是焦虑的。唯一能够解决的办法就是升华自我。

奥托·兰克：焦虑与个体化，焦虑与分离

奥托·兰克，奥地利心理学家，精神分析学派最早和最有影响的信徒之一。

兰克曾经一度被弗洛伊德视为理想的“精神分析之子”。但是1924年之后，两人就决裂了。事件的导火线源于1924年，奥托·兰克出版了一部名为《出生创伤》的著作。一开始弗洛伊德很喜欢这本书，但是后来他发现自己无法忍受这本书的观点，因为兰克认为神经症的核心在于分娩创伤带来的焦虑，而不是自己一直以来坚持的俄狄浦斯情结。

奥托·兰克的焦虑理论：

奥托·兰克认为，人的一生充满了无止尽的分离。但是每一次分离都是个人拥有更大自主性的机会。从母体出生是人一生中第一次、也是最戏剧化的分离。之后人还会经历断奶、上学、离开父母、结婚生子等分离，死亡则是最终的分离。焦虑正是所有这些分离带给人的不安。

奥托·兰克指出，人的一生就是不断分离，不断追求自主性的一生，分离或不分离都会带来焦虑。当一个人熟悉的环境被打破时，他会有焦虑。当一个人拒绝与眼前的环境分离，他也会有焦虑，除非他的自主性已经失去。

在《出胎创伤》一书中，奥托·兰克主张“婴儿在诞生行为中，首次体验到恐惧感”，并把婴儿的这种不安称之为“面对生命的恐惧”。奥托·兰克相信，婴儿一出生他/她的恐惧便已经存在了。他说：“个人带着恐惧诞生，这种内在恐惧独立于外来的‘性’或其他性质的威胁之外。”奥托·兰克这里所说的恐惧实

际上就是一种不安全感和焦虑。

在奥托·兰克看来，婴儿的原初焦虑在个体的一生中会以两种形式出现：生的恐惧和死的恐惧。

所谓生的恐惧，是伴随着人的创造性行动而来的焦虑，它是“个人必须过着孤寂生活的恐惧”。奥托·兰克认为，当个体感知到自己内在的创造力时，便会出现这种焦虑。为了施展自己的创造力，人会开创新的关系组合，拓展新的人际关系以及对自我进行重新整合。而这种做法带来了与旧友人际关系分离的威胁。如果说，个体生的恐惧来自“进步”、成为个体的焦虑，那么死的恐惧则来自“退步”、失去个体性的焦虑，害怕被整体完全吞噬的焦虑。

奥托·兰克相信，每个人终其一生都会在“生的恐惧”和“死的恐惧”这两种极端的焦虑形式之间摆荡。要通过治疗来克服所有焦虑是不可能的，奥托·兰克指出，神经病患无能保持这两种焦虑形式的平衡。因为焦虑过大，他们都会普遍地压缩自己的冲动和自发活动，然而这样做无疑会使自己过度疚责。但是那些健康和具有创造力的个人，能够有效地克服焦虑，与自己的心理分离危机达成和解，并不断获得进步。

奥托·兰克还认为，因为人有追求个性化的意志，所以治疗师在治疗中应该创造一种环境，让咨询者能够发现自己的意志，承担自己的责任。治疗关系应该是充满慈爱、理解和关怀的。虽然奥托·兰克的某些思想仍然存在一些漏洞，但是可以明确指出的是，在剖析焦虑与个体化以及焦虑与分离的关系方面，没有人能比他更具洞见。

罗洛·梅：焦虑的根源

罗洛·梅被称作“美国存在心理学之父”，也是人本主义心理学家的杰出代表。他著述颇丰，其思想内涵带给现代人深刻的精神启示。

1909年4月21日，罗洛·梅出生在美国的俄亥俄州。他幼时的家庭生活很不幸，父母经常争吵，一度分居，最终离婚。由于父母经常忽视子女的成长，在很长一段时间，罗洛·梅都是孤身一人。他小时候最喜欢呆的地方就是离家不远的圣克莱尔河，在这里他一呆就是一整个下午。不幸的童年生活激发了罗洛·梅日后对心理学和心理咨询的兴趣。

罗洛·梅关于焦虑的论述主要集中在这几本著作中：《焦虑的意义》《寻找自我的人》《心理学与人类困境》和《存在主义心理学》。

在罗洛·梅看来，个体作为人的存在的最根本价值受到威胁，自身安全受到威胁，由此引起的担忧便是焦虑。焦虑是“人对威胁他的存在、他的价值的基本反应”，是一种不确定性和无依无靠的感觉。焦虑不但影响人的生理系统的正常功能，还会打击人的心理结构，甚至歪曲人的意识。

罗洛·梅把焦虑分为正常焦虑和神经症焦虑两种。他认为，正常焦虑和神经症焦虑的划分依据并不在焦虑自身，而在于个人对焦虑所作的反应。正常焦虑是人成长的一部分，当人意识到生老病死不可避免时，就会产生焦虑，此时重要的是勇敢地面对焦虑，更好地过当下的生活。所谓病态的焦虑乃是指个人消极地躲避焦虑，从而损害个人的存在。

罗洛·梅也认为最大的焦虑是对虚无的焦虑，但是这显然不是什么新知了，几乎每个存在主义者都会论述到对虚无的恐惧。

他最为重要的贡献在于提出了焦虑的两个根源。

价值观的丧失和分裂是诱发焦虑的根源之一。罗洛·梅在文章中写道：“时代变换时，当旧的价值观是空洞的，传统习俗再也行不通时，个体就会感到特别难以在世界上发现自己。”现代人价值丧失和分裂有三个方面的表现：1.讲究竞争又强调合作的现代社会使人的独立性丧失、疏离感产生；2.对理性功效的片面强调；3.人的价值与尊严感的丧失。他认为，生活在一个价值观青黄不接的时代的现代人很容易出现焦虑。

罗洛·梅认为，西方社会过于强调竞争和成就，导致了从众、孤独和疏离等心理现象，使人的焦虑增加。20世纪文化的动荡，使得个人依赖的价值观和道德标准受到削弱，也造成焦虑的加剧。

他还指出，在现代社会，以下两种关系的破坏同样会让人焦虑：人和大自然的和谐关系；以成熟的爱和别人建立联系的方式。他说，大多数现代人都丧失了爱的能力。一些现代人更是把性欲和爱混淆起来，以为从事性活动可以使人与人之间的关系更加密切。不幸的是，性放纵虽然可以暂时缓解焦虑，但是欢愉过后只会让人精神更加萎靡，更加焦虑、空虚与孤独。

空虚和孤独是诱发焦虑的另一个根源。罗洛·梅发现，竞争激烈和理性至上造成了人的情感和理智的分裂、爱情和性欲的分裂、价值和目标的分裂，进而破坏了个体的人格统一性。这时候人对自己的本性感到陌生和不理解，从而产生空虚、孤独的感觉。

当然，这种空虚和孤独并不是源自内心一无所有，而是源于对自身的渺小和无力的失望。一旦人们发现自己无法影响社会和他人，就会变得越来越冷漠无情。为了避免孤独和空虚，一些人积极踊跃地参加各种聚会和集体活动，但是这样做的结果只会使自己越来越依赖他人，越来越无法摆脱孤独和空虚的魔咒。

阿德勒：焦虑和自卑感

阿尔弗雷德·阿德勒是奥地利精神病学家、个体心理学的创始人、人本主义心理学先驱、现代自我心理学之父。他是弗洛伊德的学生之一，也是精神分析学派内部第一个反对弗洛伊德的心理学体系的心理学家。他将精神分析由生物学定向的本我转向社会文化定向的自我，对后来西方心理学的发展具有重要意义。

阿德勒的焦虑理论：

阿德勒认为，焦虑来源于自卑。每个人生来就有一种生理的自卑与不安全感。人类发展工具、艺术、象征等文明，其实就是为了补偿自己的自卑感。

婴儿的存在始于一种无助的状态，少了双亲的社会行为根本无法存活下来。在正常的情况下，小孩借由不断肯定自己的社会关系，来克服无助并获致安全。但是婴儿的正常的成长会受制于主客观因素的危害。客观因素有：婴儿体型上的弱势；社会歧视或身处家族中的不利地位等。

阿德勒认为，“婴儿在能有任何作为之前，便已为自己的劣势焦虑忡忡。他们很早就开始与比自己强而有力的兄长和大人进行较量，这使得他的自我评价多为劣势的。”

阿德勒指出，神经性的自卑感或焦虑是形成神经性人格的背后驱力。他说，“神经性人格是拘谨心灵的产物及其运用的工具，它会为了卸除自卑感，而强化它的神经性的目标。”

在阿德勒看来，人类无论在生理和心理上都与他人相依共存，所以，人的自卑感只能通过不断地肯定和增进与社会的连结，才能得以克服。克服自卑感的行为，本质上就是为了获取一种超越他人的优越感与权力，以及用威望与特权扬己抑他的驱动力。然而，争取权力以凌驾他人之上，只会在社会上引起更多的敌意并使自己的处境更加的孤立。

阿德勒还认为，焦虑的目的是阻断进一步的活动；它代表退回先前安全状态的讯号。因此，焦虑会协助人逃避决定与负责：焦虑让人们习惯无助的状态，不用承担责任，同时，焦虑者也通过焦虑来控制别人，比如，孩子会利用焦虑达到优胜的目标或控制母亲。在阿德勒的著作中，我们可以看到很多用焦虑强迫家人接受操控的例证。

所有的一切都在向我们表明，阿德勒将基本焦虑都笼统地放在所谓的“自卑感”之下。不过他也不认为用来控制他人的自卑感，是焦虑的起源：控制他人是焦虑次要而非主要的质素，是因为案主孤立无能的绝望所致。

除了描述焦虑的起源外，阿德勒对焦虑的成因没有太多阐释。他说，焦虑之所以会引发神经官能症，是因为当事人从小便被“宠坏”了。

尽管阿德勒的理论过度简化与一般化，但是他对人际权力挣扎及其引申的社会意涵贡献卓著。而这一点通常是弗洛伊德研究的“盲点”。阿德勒的理论后来对一些心理学家，比如霍妮、弗洛姆、苏利文等产生了重大影响，并在他们的大幅整合下变得更加系统化、深刻化。

荣格：焦虑与非理性的威胁

荣格，瑞士心理学家。他曾和弗洛伊德合作发展及推广精神分析学说长达6年之久，之后创立了荣格人格分析心理学。荣格在世时曾担任国际心理分析学会会长、国际心理治疗协会主席等职务。1961年6月6日荣格逝于瑞士，享年86岁。他的理论和思想至今仍然对心理学研究产生深远的影响。

1875年，荣格出生于瑞士的凯斯威尔。在此之前，他的两个哥哥都先后夭折了。他的父母不和睦，经常争吵。这样的家庭环境使得荣格自小便是个奇怪而忧郁的小孩，常常一个人自娱自乐。12岁那年，他被一个男孩推倒，此后便陷入了昏厥的状态。后来他通过自己的意志力治愈自己的怪病，也就是从那时起，他开始慢慢接触西方哲学史。

荣格对焦虑的理解：

荣格认为，焦虑是集体无意识的非理性力量与意象入侵到意识的心灵时，人所做出的反应。在《分析心理学全集》一书中，他写道："焦虑是在害怕'集体无意识的掌控'，害怕人类动物祖先的残余功能，也害怕残存在人格次级理性层次的古老人类功能。"他说，人如果对来自集体无意识的不理性倾向与意象，缺乏阻挡能力或者说能力很弱的话，很可能会出现精神病和焦虑情绪。但是如果非理性倾向被完全阻断的话，人又会陷入经验贫瘠和创造力缺乏的困境之中。

在《宗教心理学》一书中，荣格也指出："来自无意识非理性素材的威胁，可以解释为什么人们会害怕对自己觉知。帷幕后可能藏了什么，我们永远不知道，因此人们宁可将意识外的因素‘列入考虑、小心观察’。多数人对未知的‘心灵陷阱’有着神秘的恐惧。当然这种恐惧绝对不是没有道理的，它太有根据了。”

在荣格看来，在面对“非预期的无意识危险的威胁”上，原始人比文明人更有心理准备，因为他们会通过发明仪式和禁忌来保护自己。当然文明人也会发明一些防御机制来对抗非理性威胁。值得一提的是，现在这种防御机制已经渐渐系统化，使得“集体无意识的掌控”只有在集体疯狂这类特定现象中，才会直接控制全局。

荣格特别强调，当人过度注重理性、知性的功能时，不仅不会带来理性的整合，反而会因为某种自我中心的权力目的，而误用理性和知性。他以一位癌症患者的恐慌为例：他把一切都置于无情的理性法则之下，但是“自然”偏偏脱逃了，并以“恐癌念头”这个完美、无懈可击的无迹形式回来报复。

荣格的强调对当代世界文化具有积极的意义，因为他揭示出了长期以来人们的一个错误行为——误用理性以对抗焦虑，而不是用理性来了解、厘清焦虑。但是荣格对焦虑的理解也存在着一些模糊不清的地方，比如他对“理性”与“非理性”的二分使得他的许多思想难以与其他焦虑概念保持一致。

第三章

社交焦虑
——克服社交恐慌

害怕被拒绝——搭讪焦虑

生活中，有很多人对天天都要见到的同类心存恐惧，“见人便脸红，启齿更慌恐”，他们当中的多数都对此深深苦恼。无疑，社交中的恐惧心理，对于正常的社交是一种“冷凝剂”，成为社交的心理障碍。

今天在朋友圈上看到一条心情文字：“我恨我自己。”发表人则是我的高中同学。发布时间显示是5分钟前，于是我就在联系人列表找到他并和他攀谈起来。

“你最近是不是遇到什么事了？”

“没有，一切都挺好的。”

“那你发表的心情？……”

“别和我提这件事，我想去哭一会。”

“怎么了？说说嘛，把你不开心的事儿说出来让我开心开心。”

“不说不说就不说。”

终于在我的软磨硬泡之下，我的这个同学终于“交代”出了实情。跟每天下班一样，他用了几分钟到了地铁，打算乘地铁回家。不过跟每天不一样的是在行驶的地铁里他遇见了一位极其顺眼的女孩，他不时地偷瞄着她，几乎可以说是一见钟情了。他就安静地站在姑娘对面，心里的小鹿一直乱撞着，却不知该怎么上前搭讪，从天通苑一直到了立水桥，等快到崇文门了，车厢里另一个小伙子走近那个姑娘，递上一张名片：“可以认识一下么？”极其自然地跟姑娘攀谈起来。看着他们一起走下地铁的背影，我同学几乎心都要疼碎了，全然忘了自己已经坐过了好几站。

虽然现在我们国内已经是社交软件横行天下了，但是很多人依然选择用搭讪这种原始的认识异性的方式来锻炼我们和异性正常相处的心态。恐惧感的产生很大程度都是因为你和让你恐惧的事物不熟悉，人和人之间进行信息交换就可以产生安全感。然后很多人见到了感兴趣的异性却迟迟不敢开口。如此一来，越不交往，越没有交往的“现实验证”，就越怕交往，长此以往，形成了一种“越怕，就越不敢……”的格局。很多人就是在这种失去常态的思想、观念和心理支配下害怕与人交往，平白无故地自寻烦恼。

这种后天观念的束缚让多数人在与陌生人交往的过程中，会不自觉地出现手心冒汗、心跳加速、呼吸急促、口干舌燥等症状。心理学中将这种现象称为“接近焦虑症”。就心理上而言，你往往害怕的不是接近而是遭拒。

其实，生活中每一个人都希望自己得到公众的尊重和喜欢，但是这种自尊的需要仅仅是自己的一种希冀，能否在事实上得到，则取决于公众对自己言语、举止、行动的评价和肯定。将自尊的需要作为一种动机去指导自己的行为，这是很自然的圈。

一个人在社交中过分被自尊心理占据指导和支配地位，就会过分患得患失，担心自己的行为是否失当，生怕被人瞧不起，处处谨小慎微，处处考虑自己的行动会得到怎样的社会评价，所以一旦置身于人们的视线之中，马上就会心跳不安。有的人甚至会因为过分自尊而不愿与比自己强的人交往，担心相比之下，会使自己“掉价”，失去尊严。如此思来想去，怕这怕那，时间一长，凡事还没做，便失去了勇气，被沉重的“害怕心理”所左右，这样恐惧心理也就不请自到了。

除此之外，怕羞者也常常拥有搭讪焦虑。怕羞者时常担心自己被别人否定，他们总是把别人看作是自己的法官，这样一来，跟其他人在一起就会感到老不自在。特别是和名人或比自己水平高的人交往，这种不自在会更加厉害。一般说来，害羞分三种类型：首先是气质性害羞即生性较内向、沉静、说话低声下气、见到生人就面红耳赤，举手投足都思前想后，顾虑重重；其次是认证性害羞，其原因是过分看重自己，说话做事要有绝对把握才行，不敢冒风险，缺乏主动性，长此以往，便会羞于与人接触；最后则是挫折性害羞，这种人以前并不害羞，反而性格开朗，交往积极、主动，但由于各种原因连遭挫折，变得胆怯、怕生。

心理学家认为，克服社交恐惧心理虽然是一个较为困难的过程，但只要本身能下定决心，有意识锻炼自己，相信任何类型的恐惧心理都是可以克服的。

首先，要正视具体的恐怖对象及其威胁。社交恐惧多是几次社交挫折留下的心理后遗症，因为人们在最初的社交活动中是无社交恐惧心理的，如幼儿园小孩可以坦然回答任何生人的问话，但后来为什么不行呢？那是挫折对他们“教育”的结果，即人们常说的“一朝被蛇咬，十年怕井绳”，其实困于这种心理完全是作茧自缚。你应该知道，在正常的社交活动中，人们是不会有意嘲笑、讥讽、冷落你的。虽然你过去碰到过这种情况，但那大都是没有涵养的人的做为，或者是人们在无意中进行的，你不应如此在意，更没有必要还用它折磨自己。你应主动和他人接触，当然首先是在自己最信赖的朋友的陪伴和鼓励下，一步一步地向陌生人、陌生的环境迈进。

其次，要善于表现自己的优势。如果你想克服怕生的毛病，那你得正确认识自己。有自卑感的朋友，应该记住你并不是一个一无是处的人，你有自己的优势。应当在社交的过程中扬长避短，在你能表现的方向、场合多露面。这样的经历多了，你就能在别人青睐的眼光中找到自己的价值，增强你的自信，也就会逐渐在生人面前表现得自如起来。

最后，要放下自己的架子。山外有山，天外有天，在社交活动中我们肯定会遇到比自己各方面都强的人，这是很正常的。如果你正确地对待强者，你会从中学到许多优点。只有交往，才能使大家相互取长补短，逐步完善自己。

惧怕的不仅仅是孤独——亲密焦虑症

亲密，也会让人患上恐惧的症候。当他的拥抱向你袭来，有多少女人的心正瑟瑟发抖？缘何？这叫做“亲密恐惧症”。另外，现代社会越来越多的人开始习惯于“圈子”，而这种“圈子”概念的排他性非常强，对圈子外的事物注意保持距离，恐惧过度亲密。

上周末抽空去做头发，等候的时候翻杂志，看到一篇讲“亲密关系恐惧症”的文章。文中对于这个病态反应发生的原因，做了这样几种分析：第一是害怕受伤害；第二是认为自己不配；第三是害怕失去自我……

我仔细地看完了这篇文章，因为我本人就是一个“亲密关系恐惧症”的患者。但我不认为这几条里的任何一条符合我的情况。

我不知道我患上此“病症”的确切原因。我不怕受伤害，因为我没那么在乎；我也够自信，甚至有些自大，有人喜欢我我觉得是应该的；我不担心失去自我，我的自我意识太强了以至于我难以真正融入任何氛围。

谈到亲密关系，我总是会想起大学时候周末去舞会跳舞。对每个邀请我做舞伴的人，我都诚惶诚恐地努力配合他，可每一次都会踩他的脚——踩每个人的脚。所有的这些人都带着容忍的微笑跟我说“没事没事”，但这个结果更让我羞愧加恼怒，被邀请简直成了我的噩梦。

从陌生人到朋友，对我一直就不是件难事。但从一般朋友到亲密朋友，只有几个人到达了这一地步，这几个人都是闺蜜，与我在一起相处了十几年、厮混了十几年。而别的人，有许多我真的很想和他们更近一些，但当他们靠到足够近时，我就开始紧张，开始害怕，开始如当年被邀请做舞伴时一样诚惶诚恐，最后都会拔腿逃开。

配合别人是一件巨大的难事，可能打内心里我太想取悦别人了，而这个想法又对我构成了巨大压力，让我无法自处，所以干脆放弃。

当你不得不考虑该怎样让别人愉快的时候，你只得把自己的愉快放在一边，你要想“我这样做合适不合适”，要猜“他对这样是否感到满意”。猜也是我的难题，小时候跟人下围棋就因此给过我很大的挫败感，因为我只会考虑自己的布局，完全不顾也猜不出对手下一步、再下一步会怎样。

在百度输入“亲密关系恐惧症”搜索时，你会发现有170万条以上的搜索结果，逐一看下去，大都是关于两性或者同性亲密关系障碍症。近年来有一个词很流行，有越来越多的人开始习惯于“圈子”，生活在只有自己人的圈子里。而这种“圈子”概念的排他性非常强，有时候可以看出来，人们在树立圈子、标榜圈子文化时，实际上很多时候是在围绕“自我意识”做文章。

心理学大师认为“自我意识”是导致“亲密关系恐惧症”的先决条件之一。“亲密关系恐惧症”并不是通常所说的“社交恐惧症”，怕与人见面谈话、见人就紧张、面红耳赤、颤抖等症状，“亲密关系恐惧症患者们”是没有的，相反有时候这些人会在人群中展现出更外向、更大大咧咧、更不拘小节的形象，这些行为表象实际上带有很强的潜意识里的“自我捍卫”，它通过主动选择来避免被动态势，其实这些人很可能是更不容易被接近、更不容易表露内心。

有些人在人际交往中会表现出一种焦虑感，渴望与他人建立亲密关系，又担心他人不回应自己的感情付出，导致情绪上的焦虑和矛盾，陧慢就会倾向于回避社交、回避亲密关系，这种情况会让性格比较保守的人更难与人建立亲密关系。性格激进的人，通常都有表现出一些占有欲，当占有欲望无法满足时，通常会产生嫉妒心理，也会演变为强烈的排斥，于是表现出不屑于与人交往及建立较亲密的关系。

其实，无论性格如何，与人建立各种不同程度的亲密关系都是为了摆脱孤独，早年的心理大师都一致认为孤独是我们最惧怕的心理感受。而今，当不安全感、厌恶感给人们带来的烦恼大于孤独时，人们则容易表现出情愿选择与人群保持一定距离和避免与人建立亲密关系带来的麻烦——缺乏私密性、没有安全感、不公平对等、信仰差异，等等。对亲密关系的恐惧其实不是因为我们不再惧怕孤独了，而是让我们惧怕的不仅仅是孤独。

在亲密关系的互动中，如果一味压抑自身需求将使得艰难建立的亲密关系徒有其表，无法满足自己的沟通需要。另一方面，亲密关系的对方最终会察觉这种所谓的“迎合”，而感觉到一种“不真实感”，甚至认为是一种欺骗，因为这种对自我的忽视使对方也丧失了亲密的“主体”，所以应该勇敢地表达自己，自然会吸引那些真正志趣相投的人与自己发展健康的亲密关系。

另外，在人际交往中缺乏安全感，可能是由于一个人幼年遭遇过被自己的亲人拒绝的痛苦，他的潜意识当中会产生对亲密关系的惧怕，为了避免遭遇被拒绝，他们可能采取疏离或拒绝与对方发展过于亲密的关系等方式以使自己获得安全感。

无法与别人亲密，明显影响我们在生活中的人际交往，进而影响我们的心理健康，在亲密关系的互动中，如果一味压抑自身需求将使得艰难建立的亲密关系徒有其表，不仅无法满足自己的沟通需要，还会给人一种欺骗感。出现这种情况，当事人可以加强自我觉察，或尝试寻找心理动力取向的心理咨询师的帮助，自我成长起来，了解自己这一行为模式的背后原因。

异性面前手足无措——异性交往焦虑

晚上在豆瓣看到了一个抱怨贴，楼主是个25岁的小伙子，是家里的独生子，最近因为被老妈催着找个女朋友结婚而感到很苦恼。

在帖子里楼主说其实自己也想早点结婚，但在交际方面有些难言之隐，一直也没交成女朋友。他发现自己在女生面前很沉默寡言，以前即便有机会能和女生相处，也是想办法回避或者躲开，甚至在路上偶遇相识的女同学也要绕道而行，这好像也是若干年来的习惯，甚至以前从来不会觉得这是个问题。

即便有和女生闲聊或者交流的机会也显得很拘束，找不到话说，特别是在和一些条件比较出众，比较引人注意的女生独处的时候，更是觉得尴尬，说不了两句话就不知道该干什么。他知道都是自己的问题，但他却不知道该怎么做。

生活中，多数人在与异性交往的过程里，多少都会有一些“非同寻常”的心理感受，这其实是一种害怕、逃避的情绪和行为反应。从心理角度分析，一方面可能是曾经在与亲密异性的接触上有过较深的情感创伤体验或情结；另一方面，可能与小时候的成长经历有关。如果在成长过程中，除了母亲或其他养育自己的异性亲人外，缺少与其他异性特别是同龄异性的接触与交流，很容易引起类似的异性交往障碍，常表现为与人交往时，会不由自主地感到紧张、害怕，以致手足无措、语无论次，严重的甚至害怕见人。

如果要克服这种状态，首先就是要多主动与异性交流，迈出交往的第一步，即使说得不好也没关系。只要你开口，哪怕是问候一声都行。

在人际交往中，如果你仅停留在想象阶段，甚至经常想象着失败的体验，只会让自己更加缺乏自信，总认为自己不行，缺乏交往的勇气和信心。反而，如果你迈出了第一步，尝试开口和异性说话，你会发现他们都很友善，而与人交流其实也是非常快乐的事情，这种愉快的交往体验也会促进你与异性交流的冲动和行为。

另外，在日常生活中辅以相关的训练，比如朗诵等，也是很有必要的。最好是能发出声音的那种练习，因为长期缺乏与异性交往经验的人往往会有一点语言上的障碍，或者是平时与人交谈很正常，但一面对异性便支支吾吾、哆哆嗦嗦说不出口，如果能经常性地加强言语方面的联系，比如阅读散文等，让自己在语言表达的通畅度、清晰度、情感感受度以及基本语言组织方面的能力得到提升。另外，还可以通过多与人交流，多参加一些社交活动等方式克服这种交往障碍。

我曾见到有网友说："我有经常训练自己说话，也尝试着开口和异性说话，可每次面对异性时总会脸红心跳，谈话也往往以失败而告终。"那么，此时需要掌握一定的交际技巧，当你身临某些交际情境中时，除了勇敢行动之外，还要懂得控制情绪以及掌握一些交往中的谈话技巧。

要克服异性交往障碍，勇敢行动也很重要。当然，你会说，"我只要和异性呆在一起就会很紧张，说话老结巴了。"这其实是紧张心理在作怪，此时此刻进行正确的心理暗示就显得很重要。

一般情况下，我们给自己的心理暗示是"不要紧张，不要紧张，要冷静下来"，不过，这种首先就暗示自己"不要紧张"的方式反而适得其反，会让自己更紧张。因为紧张情绪其实是一种正常的健康的情绪，当人类在接受一件新的、有挑战性的事情会产生紧张感、压力感是正常现象。我们的心理暗示应该与自身的情绪一致，不应该是相逆或者是压抑性的暗示。只有你正确认识了紧张情绪并接纳它，才是最佳的调整法。

所以不要暗示自己"不要紧张"，正确的心理暗示应该是告诉自己：我现在正在做一件对我来说不是很容易的事情，紧张是很正常的。接纳此时此刻的情绪，然后渐渐地放松自己。

在与异性交往时，情绪上的放松相当重要。俗话说，女人要有气质，男人要有气场。这种气场不仅仅体现为自信和魄力，还在于交往中能给人一种轻松安全的氛围。对于不善于与异性交往的男性来说，首先要保持情绪上的放松。至少不要轻易让人发现你的紧张焦虑感，说话时，脸红手抖或者说话结巴等都会让效果大打折扣。

其次要有自信，学会欣赏自己。如果一开始就自我否定，会自我“折射”出很多负面情绪，会不由自主地感到紧张、害怕，以致手足无措、语无论次，甚至老觉得别人在讨厌自己。如果你是这样的人，就得马上调整了。

如果你的信心比较空洞无力，可以试着在现场临时找到自己的5个以上的优势，这是比较实用快速的方法。此方法充分利用了人的“首因效应”，即在人际交往中，我们会很重视开始接触到的信息，包括容貌、语言、神态等，至于后面的信息就显得不那么重要了。如果能在短时间内给自己强化信心，至少那一瞬间看上去是很自信的。很多时候，年轻人社交焦虑的根子在于不自信，如果我们对自己有足够的自信，在与人交往时就会坦然、从容得多。

为什么我看见领导就害怕——上司恐惧症

上个礼拜，闺蜜过生日。为了给她庆生，利用周末的时间我约上几个要好的朋友，带上礼物，早早地去了闺蜜的公寓。可是当我见到闺蜜的时候，却发现她脸色苍白，眼睛红红的，仿佛几天没睡觉一样。在布置房间的间歇，我把闺蜜拉到了阳台上，问她到底是怎么了。闺蜜重重地叹了口气，语气有些无奈："哎！别提了。最近真是快要烦死了。""怎么了？"我没有多问，而是露出一种"洗耳恭听"的表情等待着闺蜜的下文。

闺蜜告诉我，以前她的工作一直都挺顺利。可今年年初，公司高层调整，新来的老总精力充沛且十分严厉，大家都有些怕他。两个月前，由于工作失误，闺蜜负责的一批货物数目对不上，客户很生气地打电话过来质问。一查找原因，原来是她粗心地把货物的数字写错了。之后虽然及时补救了，但老总对此还是非常生气，把闺蜜叫去他的办公室，狠狠地训斥了一顿。他警告如果再发生类似差错，就让她卷铺盖走人。从那之后闺蜜的心理压力就变得特别大，莫名地她对老总产生了一种严重的恐惧心理，简直快要没法干下去了。

现在只要老总出现在办公室里，她就浑身不自在，紧张得直冒冷汗。每次路过老总的办公室，她都蹑手蹑脚，生怕被老总发现。每周开会的时候，她也尽量选择离老总最远的位置，并始终低着头，不跟老总产生眼神交流。

可怕的是，随着时间的推移，这种恐惧不但没有减轻，反而越来越严重了。如果闺蜜不幸接到老总打来的电话，她竟会畏惧得直发抖，每次看到那个号码，都要深呼吸之后才能接，有时候还紧张得说不出话。

只是这些也就算了，闺蜜说就在大前天，老总在办公室里大声责骂一个女同事，其实跟自己一点儿关系都没有，但她听到后居然昏厥过去。同事们都紧张坏了，急忙把她送去医院，医生检查半天也没查出什么毛病。

显而易见，闺蜜患上了较严重的“老板恐惧症”。这是一种情绪障碍，主要是由工作压力引起的。

以前在报纸上看到过一个调查：“老板恐惧症”现在已经成为困扰职场中人的新型心理疾病，其中有一小部分已经发展成为了一种严重的社交障碍。

“老板恐惧症”，也就是惧上心理。这是一种普遍的职场心理现象，但是如果超过了一定界限，不仅个人能力不能得以发挥，并且会让自己失去很多机会。身在职场中，每个人不得不面对自己的上级，同时也不得不与老板打交道，在职场中，能否与上级处好关系，也是衡量一个人职业道路发展能否顺利的关键。

心理学家认为，很多人之所以惧上或怕老板，往往是因为太在意老板对自己的看法，或过于看重与上级关系。他们觉得，没给老板留下好印象就没好评估，职场前景也会因此而暗淡。持有此种心态的员工，在老板面前往往更会显得很不自在。

一个在外企任职部门主管的朋友对我说，员工不应该回避老板，相反的，与上司保持有效的双向沟通是做好工作的关键。她建议员工向上级寻求工作反馈，同时让他们知道，自己对创建良好工作环境的想法和解决方案，这有助于自己在职业生涯里取得成功，这会让上司了解到自己的工作能力。

要克服“怕老板”心理，首先得承认自己和上司交谈会感到紧张或害怕，因为这是解决问题的第一步。当你对老板产生恐惧时，不妨问问自己为什么畏惧上级，是因为之前犯错受到批评，还是由于太想做个完美员工，以致给自己太大压力？一旦你了解到自己惧上的根本原因，下一步就可找到解决办法。

无可否认的是，一般员工之所以产生老板恐惧症或惧上心态，很大的原因也来自对自己能力的信心不足。因此我们在职场中，与其总是战战兢兢，担心自己做得不够，表现不好，不如努力加强自己的实力，提升自信心。

另一方面，如何与老板沟通也是一种技巧。心理学家认为：首先，应了解老板或上司的沟通方式。其次，应学习做一个好的听众。

职场中，你如何与上司交谈通常取决于他们的领导方式，比如他们是更喜欢一起讨论，或是喜欢通过电子邮件沟通？先观察你的上司的沟通方式，然后以他们的方式与他们沟通。

很多时候，做一个好的听众，认真听上司的引导和反馈，确保自己理解他们的想法，会减少沟通中的误解，也会帮助自己和上司进行有意义的交谈。

其实，驱逐恐惧感就是要我们抛弃“不宜与领导过多接触”的观念，也不要怕在领导那里“碰钉子”，学会跟领导寒暄，学会把领导当普通人看待。苦于“领导恐惧症”的人不是期待自己和领导能有神交就是把领导想象成手握生杀大权的酷吏，总之，肯定没把领导当成普通人。

另外，完成任务是上下级关系的“本”，心理感受是上下级关系的“末”。领导靠什么生存？靠所有的下属都能卓越完成他下达的任务，而不靠大家悠然的心情和悦目的表情。因此要想和领导相处好，首先要做好自己的工作。

事实上，上司并没有想象中的那么可怕，只是自己心理上对上司的理解有所偏差，工作中，我们可以不能说，但是一定要会说，不能乱说，但是一定要不怕说，及时地把自己内心的想法表达出来，对自身的情感进行科学的调理，就能够帮助我们远离恐惧症的困扰。

好怕同学聚会——聚会焦虑

“以后你们这种破聚会少叫我啊！”在电视剧《中国式离婚》中，女主人公林小枫怒气冲冲地向老公宋建平嚷嚷：“就那个女的，她丈夫要收购人家美国什么岛。那女的，没劲透了！一个劲儿地问我为什么没工作，问了一遍还不过瘾，又问一遍……”

林小枫口中说的“破聚会”，是宋建平的大学同学聚会。“没劲透了！”林小枫这句貌似赌气的话，其实却道出了时下很多人的心声。

在电视里无意听到了林小枫的这句台词，令我感触颇深，尤其是最近两年，每逢春节的时候，各种大大小小的聚会让我喘不过气来，有些时候甚至感觉快要窒息。

其实大学没毕业时，高中同学聚会还是比较纯真的，聚会上，大家还能聊聊高中生活，谈谈自己的理想，想法也都很单纯。可是，当大家大学毕业踏入社会后，同学们的生活逐渐发生了变化：有的仍在外闯荡，有的考上了公务员，有的下海经商腰缠万贯，有的在家过着平淡的日子。

而随之我发现，最近两年，同学聚会谈论的话题，逐渐从以往的“回忆当初”转变成了“炫耀自己的身份地位”。

也可能是大家踏入社会久了，逐渐淡忘了以前的生活，聚会时大家谈论的多是和现实有关的东西，男同学说得最多的就是谁谁的生意做得很大、挣了多少钱等；女同学议论最多的则是谁谁的老公有能耐，谁家的孩子比较聪明等。也有同学会借机炫耀，尤其是喝多的时候，经常会听到诸如“我有个项目准备投资多少钱”“我全款买了套房子”“又买了辆车”此类的话。

而这些同学炫耀自己所拥有的房、车等的时候，往往会忽略另外一些同学的感受——他们还在骑着电动车，还在为能拥有属于自己的房子而努力。

同学之间出现身份落差后，坐在一张桌上吃饭的人不再是像以前随便坐的了，现今通常是“混得好的”坐一桌，自认为“混得不好的”则坐其他桌，相互之间只有敬酒时寒暄几句，共同语言越来越少。

今年的同学聚会我注意到聚会时部分“混得不好”的同学的微妙变化：聚会刚开始表现正常，但会越喝越多，直到最后醉酒失态，他们可能心里不好受。

散场时，我直接回了家，出租车行驶在空荡的街道。望着远处迷离的街灯，我愈发觉得，同学聚会早已变得“相见不如怀念”。

做什么工作？开什么车子？房子是买的还是租的？现如今，本应纯洁的聚会话题越来越落入俗套，渐渐沦为一个攀比的舞台，成为少数意气风发者的独角戏。而那些买不起房、开不起车的“穷同学”“穷同事”“穷朋友”，往往只得以各种借口推脱逃避盛情难却的聚会，被扣上“恐聚族”的帽子。这正是，甜蜜聚会味道变，无钱无势靠边站。票子、房子和车子，成了大家春节聚会的主要话题。面对昔日“同桌的你”，“恐聚”成了不少人的真实写照。

让我们先算算这聚会的经济账。聚会就要有场所，并且这场所还不能太寒酸，最起码也要去差不多的酒店，酒足饭饱，意犹未尽还要去KTV高歌一曲。不管AA制还是轮流坐庄，一年算下来，对于工薪阶层往往是一笔不小的花费。仔细想来，这“恐聚族”和“恐归族”“恐节族”一样，缺的都是银子。有了底气，腰杆硬实，谁还“恐聚”？

再来品这聚会的味道。交流就需要有一个共同的话题，一个关注点。可当下，除了收入、车子和房子，还有什么能激起大家的兴奋？于是乎，通过聚会，一些人的优越感膨胀了，一些人的挫折感滋生了，浓浓的同学情、朋友谊慢慢被稀释。有人在攀比中找到了满足感，有人则陷入了失落。聚会交流的不再是感情，而是财富、地位、人际关系，一些人参加聚会的目的，恰恰是通过这些场合加固并扩大自己的关系网。

一位网友甚至调侃道："那些混得好的同学热衷于开同学会，就是来看别人的落魄和女同学的艳羡；官当得太大的人不会轻易参加同学聚会，怕给自己惹麻烦；混得不好的总是装得老成持重，因为不懂时尚名牌，怕说错话被笑话，索性不开口。"

心理学家认为：恐聚族往往预设了很多负面情绪，聚会时会不由自主地寻找蛛丝马迹佐证自己的猜想，觉得其他人都带着有色眼镜看自己，这都是不健康的心态。同学聚会对于人际网络的恢复和维系是很重要的，并不需要说很多话、搞很复杂的活动，老同学们能够聚在一起，这本身就有一种熟悉感、温馨感的体现。

"心理落差完全不必成为正常聚会的障碍。"心理学家表示，聚会难免会有人炫富，相信自己也有很多出众的地方，"同学、朋友聚会，就是为了放松叙旧，没有必要让聚会成为大家心理上的负担。"同学聚会保持一颗平常心最好，"混得好"的人不要把聚会当作炫耀的平台，"混得不好"的人也不必执着于比较，要把同学当作生命历程中有共同经历的人来珍惜。

大家在社会上的职业虽然已经千差万别，但同学聚会应该卸下所有"包装"，开展"裸奔"聚会，毕竟聚会更多为的是回忆和分享。如果聚会中感到话题方向"有误"，"恐聚族"们不妨到时纠正方向，引导话题方向，相信老同学们在一起也愿意多谈及学生时代的点点滴滴。

不敢在众人面前说话——开会焦虑症

你一直为之恐惧的时刻来到了。随着讲台下的听众一一坐定，窃窃私语声逐渐平息，人群开始安静下来，一双双眼睛开始将目光集中在你身上。有些脸孔正在充满期许地微笑着，另一些人则在漠然地打量着你，静候好戏开场。你觉得如鲠在喉，心在胸膛中狂跳：你感到嘴唇发干、舌头生津。

今天通过漂流瓶结识了一位“大叔”，大叔的知识面很广，我们几乎从天文聊到地理，从电影聊到娱乐，他都能够侃侃而谈。可是当我们聊到彼此工作的时候，大叔却一改刚才的从容，默不作声，在我的追问之下，大叔才吞吞吐吐地说：“我一直没法适应在公共场合侃侃而谈，相当挣扎，我没法战胜这种羞怯感，它限制了我的职业生涯。因为患上开会焦虑症，10年的时间至少错过了三次升职加薪的机会。”

20年前，高中毕业后，大叔就参加了工作。他工作能力出色，而且在岗位上也显得相当的低调，因此很受领导重视。领导多次为他提供升迁机会，他却总是拒绝。刚参加工作时，由于表现出色，大叔被拟任为人事主管，一次被外派参加一个重要会议，回来后要在公司大会上传达会议内容。结果，他坐在主席台上，面红耳赤地憋了很久都没说出一句话，大会现场冷场了近2分钟后，大叔假装胃痛难忍尴尬地“逃”出了会议室。

此后，每当单位领导找袁亮谈话，准备让他升职时，他就以身体健康问题、无法胜任为由推掉，实在推不掉，就干脆辞职。去年推掉一个总监的职位，已经是大叔第三次这样了。

大叔懊恼地说："在人群中不自在、爱独处，让我失去了一个重要职位和至少每年10万块的收入。"

一面拒绝升迁，一面眼见自己人到中年再换工作已不易了，大叔自己也陷入了深深的苦恼之中。"我发现，技能和逻辑思考能力已经把我带到了职业阶梯上还算高的位置，但要想达到最高点是不太可能的，除非我可以克服羞怯，喜欢与人打交道，而这一点我根本做不到。"大叔向我诉苦说。

他被社交场合弄得疲惫不堪，害怕与人接触，在公共环境下，总是采取回避行为，不愿与人交谈。这种病症不仅影响他的基本社会交往功能，在极端情况下，日常的工作比如与客户共进午餐、公司聚会等，都变成对他的一种折磨。

每次开会或发言前都会非常担心焦虑，心理恐慌不安，预期性焦虑在生活中很常见。通常，这类人会非常担心即将发生的事件会出现最坏的结局，他们会时刻等待不幸的到来，从而表现出很消极的心态。你竭力想笑一笑，然而面部的肌肉却像瘫痪了一样。曾经反复演练的开场白好像突然从记忆深处消失，你所能感受的，仍然是那种曾经多次完全控制你身心的恐慌感。

生活中，几乎所有人都会遇到这种事——从面向公司股东发表演说的企业CEO，到面向满满一礼堂同学和教职员工讲话的学生。或者你也可能是一个项目经理，希望在公司集会上提出独创的思想观点，却担心由于发言而成为在场人员关注的"众矢之的"。

是的，从这样那样的角度讲，有些场合的确让你感到压力。然而，许多在职业生涯中必须以发言为己任的人，却能想方设法渡过难关；无论形势好坏，都能走出困境。也就是说，只要害怕发言而导致的恐惧感不占上风，我们都能恢复正常的发言水平。可由于无法适时而自信地表达思想，所以有些人只能对职业生涯中那些"绊脚石"干瞪眼。

具有开会焦虑症的人，总是会有很强的挫折感，会认为某些尚未发生的事存在威胁，从而对其产生紧张不安、担忧害怕的情绪。同时，他们还会对引起焦虑的事难以适应，而且愈演愈烈，甚至对事情的细枝末节也极为敏感，以至于因此终日烦躁而难以自拔。

在众人面前说话感到焦虑的人，实际上是自以为胆怯，是用自己虚拟的心理感受或幻觉中产生的情境来吓唬自己，无异于作茧自缚。很多人在登台演出前，都有非常紧张和胆怯的心理，可一上舞台，全身心投入到自己的表演中时，他们又并不感到胆怯，表演挥洒自如，让自己都感到吃惊。他们通过切身体验后说，克服胆怯，重要的是迈出第一步，迈出了第一步，你会发现全新的自我，令自己惊喜不已，从中找到感觉，找到自信与自尊。因此，为克服和战胜胆怯，你可先假设自己不胆怯，什么都不怕，课堂上抢先发言，抓住机会登台表演，在公共场所大声发言，参加辩论，等等，并努力按不胆怯的样式去做，慢慢地，你真的就不会感到焦虑了。

说到这，我想起了以前看到的一个故事：一位汽车公司的大亨，他为人十分外向。可有一天，需要他在属下面前发表一篇演讲，当他看到台下黑压压的场面时，整个人一下子就陷入胆怯、恐惧、紧张之中，以至全身不自在。他只好把自己的感受如实对着话筒说出来："看到你们，我忽然有些害怕得无法畅所欲言……"这句话一说出，原先把他罩得紧紧的胆怯、恐惧感顿时烟消云散，接着他就恢复了自信，得以畅所欲言。

显然，这几句"表白"产生了驱除胆怯和紧张的作用，使他获得了心静的效果。心理学上的"内观法"，就是在冷静观察自己的内心后，将"观察结果"如实用言语表达出来，这样人的胆怯、忧虑、恐惧和紧张就消失殆尽，同时连烦恼也没有，它所产生的效果令人感到神奇无比。因此，当你再次需要在众人面前发言，心理产生胆怯、恐惧、紧张时，千万不要让这种感觉窝在心里，你必须将当时的感受、念头清清楚楚地说出来。你可以说："我呀，紧张死了。我心里扑通扑通跳个不停，双眼好像看不到东西，舌头僵硬得不听使唤，喉咙也干。"如此脱口而出，你的胆怯、紧张就没有了，情绪也会趋于平稳。

另外，如果在生活中感到自己确实不错，不比别人差，那么还可以对自己说上几遍："我真的很不错!""我一定能成功！"也可找与自己关系要好的同学或亲友交谈，他们也会给你鼓励。这样以多种方式鼓励自己，既可增强自信心，也可转移注意力，放松过分紧张的心情，战胜焦虑心理。

越宅越胆小，越怕见人——线下社交困境

“五一”小长假眼瞅着就来了，跟计划着出去玩的人不同，还有一群等着、盼着假期的“宅族”们，就打算利用这几天好好慵懒地呆在家里，享受清静、惬意、无拘无束的自在。

早上睡到自然醒，然后摸来手机或iPad，趴在床上刷朋友圈、逛淘宝、看美剧，接着捧一大包零食回来看电视里的综艺节目，足不出户，吃饭就叫外卖。到了晚上，揉揉发涩的眼睛，准备进入梦乡。

“五一”三天小长假，与喜欢旅游的人不同，我选择了回家。到家的时候，发现李叔叔也在，李叔叔是父亲的老同事，在我很小的时候，总来我家里做客，不过李叔叔后来搬了家，来我家的次数便渐渐减少，印象中的李叔叔从来不喝酒，可是今天回来，却看到父亲和李叔叔吃饭的桌子旁边东倒七歪地摆着密密麻麻的啤酒瓶子，看得出来李叔叔应该是心情不好，而我父亲一直在旁边安慰着他。

我洗了些水果端了上去，听到了几句他们之间的谈话，这才清楚了让李叔叔上火的原因来自他口中的那个“不争气”的儿子。说起李叔叔的儿子李子冰，我算是有一些了解。

李子冰上大学时就很喜欢上网，大四的时候，别的同学都急着找工作，他还是没日没夜地挂在网上。毕业后住在家里，他父亲给他介绍过好几份工作，但子冰每份工作都干不了几天就以不适合为理由辞职了，然后依旧每天睁开眼睛就上网。去年，子冰的母亲因病去世了，李叔叔眼见子冰毕业两年都没有工作，痛骂

了他一顿，但还是一点效果都没有。

子冰属于最典型的宅男。在网络世界里，他谈笑风生、幽默睿智，可以随意地和MM调情搭讪，可以在自己的工会被围攻的时候跟队友一起骂脏话发泄。在网络上，他扮演着生活中渴望成功的自己。

但在现实生活中，他却跟人存在严重的沟通障碍，不相信社会，厌恶自己生存的环境，觉得虚拟的生活才是自己想要的。这已经成为一种心理障碍，是一种精神疾病。

“宅”，源于日本，指沉迷兴趣不问时世，流传到台湾后，称呆在家长时间不出门为“宅”。时下，“宅”更是一种流行语言，被年轻人奉为独立、自由、时尚的生活方式，理直气壮地成为一种最新的生活态度。

现今，即便整日“宅”在家里，油盐酱醋也能网购到家，一台电脑让你尽知天下事。前不久，《人民日报》一篇题为《“宅”，难有“大千世界”》的文章，传神地刻画出“宅族”的状态：两人路遇街头争吵，一人驻足围观，另一人劝阻：“有什么好看的，回家上微博看呗。”

当我们看外面的世界久了，就需要内观自己。短期“宅”在家里，给心灵一个安全的“房间”，能很好地自我反省，调整身心，平复不良情绪。然而，有心理学家分析，人是社会性的动物，其生存发展在相当程度上是以与他人的合作和交往为前提的。

久“宅”者会丧失对未知事物的好奇心，对现实生活的感受力与思考力钝化，导致身心俱损。网上的一项调查显示，“宅”生活让35%的人失去社交机会，并影响工作；使近两成人性格自闭，害怕与人接触。《韩国日报》报道称，韩国约10万名“宅族”青年无法适应社会交往，存在自闭倾向。还有多项心理学研究发现，“宅族”难以从虚拟空间回归社会现实，长此以往会导致思想偏离真实社会，养成消极的思维模式和不良的人格特征，甚至引发抑郁情绪，严重者患上抑郁症。

在最近公布的美国心理障碍诊断中，社交恐惧症已“成功”进入前三名，成为仅次于忧郁症和酗酒的心理障碍。

正是由于“社交恐惧症”，越来越多的人钟情于网络上的虚拟社交，也正是由于他们寄情于虚拟社交，更加剧了他们的线下社交困境。这是一个无休止的恶性循环……

要知道，生活毕竟是现实的，至少在现阶段的社会环境中，很多社交还是要在现实中完成的，例如：你要在现实中举办婚礼，要在线下面谈大的生意订单，要在线下和好友举杯痛饮。

那么，如何才能跳出这个“恶性循环”，让自己在现实生活中也能轻松社交呢？

讲到这里，不禁让我想起了罗斯福说过的一句名言：“害怕，这是我们唯一应当害怕的东西。”这句话曾在20世纪30年代的经济大萧条时期，鼓励过无数的美国人走出消沉、迷茫的低谷。

“我们害怕的，是害怕本身。”当我们对线下社交产生恐惧时，你认真地想过这一点吗？

其实，我们大多害怕那种“令我们害怕”的状况，这是我们不断逃避人际交往的本质问题。

人际交往，在有社交恐惧症心理障碍的人心中，代表着尴尬、出丑、被嘲笑、批评……甚至是彻头彻尾的失败。一想到这样的失败，“害怕”就被提前透支掉了。有社交恐惧症的人总觉得自己是一座孤岛，无人理解，也无人在意，但他们却时刻渴望着过往的船只。等到船只真的来了，他们却手足无措，第一个念头就是：我该藏在什么地方好呢？

也许你更应该做的事情是：不要躲藏，直接面对。面对你的恐惧，面对令你恐惧的一切状况。这时，你会发现，它远远没有你想象的那么可怕，相反，社交是一件让人感到开心、快乐的事情，你会慢慢喜欢上它。

大学时期在图书馆里看过《走向封闭的美国精神》，这本书中就明确地提醒“宅族”：笛卡尔在系统地提出激进的怀疑观点之前，心里装着一个大千世界。心中的大千世界，更多来自现实的“公共空间”。走出个体的小世界，进入现实公共空间，享受健康的公共生活，方能发育出有活力的思想、开放的心灵、有创造力的个性。

因此，键对键代替不了面对面，只有当面交谈，才能真切感受到对方一颦一笑背后的喜怒哀乐。我们要想走出“宅”生活，首先要保持好的生活习惯，不能想睡就睡，想起才起，以免生物钟紊乱。其次要与社会保持互动，给自己一些时间接触外界，比如会会知心朋友，一起分享酸甜苦辣；出去走走，或许人行道上相遇时的一个微笑，都能让你爱上外面的世界。最后，每个人的内心都有一种自我成长的力量，对外界的天空拥有各种期待，因此，找到生活目标，才不会安于“宅”在家里。

第四章

职场焦虑
——摆脱完美主义的束缚

总担心自己的技能跟不上时代——技能焦虑

常言道“万贯家财不如一技在身”。如今，用人单位喜欢掌握实际技能的员工，在校学生也总将“考级”“考证”放在首位。一个人的核心竞争力包括品格、修养等多方面，如今却都被简化成了“技能”，这让很多人患上了“技能焦虑症”，生怕自己“技不如人”而被淘汰。

堂姐去年从上海某高校经济管理系毕业后，到了一家国企做会计。每天下班后她还要学英语，稍有中断就会觉得焦虑。面对繁重的生活，堂姐总是和我说：“在上海，要想发展得更好、薪水更高，肯定要不断学习新的技能。”为了多拿几本证书，如今她已放弃了一切业余活动，不愿和朋友聚会、交往，下班后除了吃饭、洗漱，就把自己关在屋子里看书、做题。我叔叔和婶婶看到她这么用功还挺高兴，但她感觉，自己已经成了一个彻底的“考试机器”，除了证书，什么都没有。

就在前不久，我在互联网上看到这样一组数据，社会调查中心通过对2074人进行的调查后得出结论，76.2%的人直言身边存在很多有“技能焦虑症”的人。62.8%的人则认为“在职场缺乏安全感，不知该如何努力”是导致“技能焦虑症”的重要原因。

在那个网页的评论中，有一个著名的社会学者认为，造成这种“技能焦虑”心理的原因，多数是对自己不自信。这种人虽然聪明、有历练，但是心里承受能力一般，尤其是在工作中一旦被提拔，反而会毫无自信，觉得自己不能胜任。他们的核心信念是“我不够好”，虽然在外人看来十分优秀，但在潜意识里却认为自己的努力与能力比不上身边的同事。尤其是出现挫折和挑战的时候，他们这种自我破坏与自我限制的负面想法占了上风。因此，这些人会不断地鞭笞自己向上，哪怕再累也不会轻易休息。

那么，没日没夜的学习新的技能真的能增加就业的保险系数吗？在这位社会学者看来是显然不能的。他认为一个人的核心竞争力，在于自己的专业水平和综合素养——品格、修养、态度、团队意识、交际能力等等，不在于证书多少；尤其是跨行业的专业证书，更易给人造诣不精、定位不准的印象，未必能给自己“加分”。正确的做法，只能是在做好本职工作，以出色成绩取得领导欣赏和同事敬重之后，再去拓展工作能力。如果这份工作本就是自己喜爱和自主选择的结果，那就更没理由心浮气躁，这山看着那山高了。如此，才能调整心态、踏实讲步，才能获得长远的发展。

在我看来，“技能焦虑症”早已扩大到成为了一种社会现象，是职场竞争的一面镜子，它可以折射出很多社会性问题，想要有效地缓解这种“焦虑”，任何单一的方法都不是完善的应对策略，“考证”更不是缓解这一症状的唯一“药方”。

我有个朋友在南京机械制造行业工作已经近5年了，他觉得自己没有太多“技能焦虑”。朋友对我说他刚进入企业的时候，他的老总给他们上了一堂课，老总跟他们说，你们不只要掌握好企业的基本理论知识和方法，同时更要特别注重个人品格修养的历练。进入车间后，要在基本工作做好的基础上，再去拓展工作能力，通过良好的成绩取得同事的信任和领导的欣赏，缺失任何一个环节都会被职场淘汰。在不了解职场规则和自身情况的前提下，专攻任何一个环节也会适得其反。所以，调整心态，踏实进步，才能获得长远发展。

社会学家表示任何行业都有竞争压力，想一进入职场就获得安全感不现实。毕竟职场和学校是两个阶段，在学校时大多数人的状态，要么“一无所知”要么“自以为是”。所以进入职场前，既要有“准备适应规则”的心态，又要有“别太在意”的心态。在此基础上努力学习、完成好工作才是最主要的。

心理学家研究发现是否焦虑取决于是否对未来有明确规划。与其说是“技能焦虑”，不如说是对自己的未来焦虑，是没想清楚以后要做什么。在他看来，在企业中，工作能力和心态是首要的，做好了自然会得到领导认可。俗话说“日久见人心”，个人修养和品格会在长期工作中凸显价值，品格不过关，技能再强也白搭。

其实我看到身边很多的人都在因技能而焦虑，我倒是觉得这个问题不能一概而论，而是要从两个层面来看：一是看动机，如果只是受到想要赢过别人、获得更多奖励等外部目标的影响，或是出于从众心理，看到别人做，自己也做来获得安全感，那是不可取的。只有从“内在”出发，为了提升自我去学习，才有意义。二是看方式，仅仅为了解决焦虑情绪而盲目学习技能，最终只会加剧不安。“比如学习理工科的同学，不钻研专业知识，而去考导游证、厨师证，只会让自己更加迷茫。”技能的掌握上，也要注重内容，能深化自己的发展，才有意义。

无止境追求卓越，自我加压导致的焦虑

明明头痛得快炸开，但一想到完不成任务就可能被解雇，只好不停地给自己加压再加压……“自寻烦恼”的年轻白领不在少数。为加薪、升职、面子，他们在超负荷工作的同时，深感“难以承受之重”；掰掰手指，疲劳、失眠、脱发、发福，种种中年以后的常见毛病已提前缠身。

我的一个同学，现在在一家外企上班，典型的白领，有房有车，生活富裕。可他却总是高兴不起来，由于他身处IT行业，长时间加班早就成了便饭，周围的同事不是加班到凌晨两点就是三点。

不知何时在他身边流传出这么一句话：“你要是只加班到一点，你都不好意思跟别人说你是搞IT的。”对于IT行业来说，其实很多工作任务根本无法在正常工作时间内完成，大家只好选择加班。

可是在长期的压力下，就算再好的身体也会熬坏，有一次他和我讲，他感觉自己的压力一天比一天大，却又无法回避，面对越来越多的任务和困难，他只能不断地给自己施压，睡眠时间也越来越少，有时在茶餐厅点了杯咖啡，没等咖啡上来，便睡着了，工作的压力，生活的压力，外加自己给自己的压力让他越来越吃不消，渐渐地他自己的脾气在家人面前也开始变得急躁起来。

我相信很多人都有过这样的经历，一段时间紧张的加班后，突然出现了各种奇怪症状：忧郁、烦躁、心慌、胸闷，甚至整夜整夜地失眠等。其实这就是“职场急性焦虑”。职场急性焦虑不但严重危害身心健康，而且伴随着焦虑必然会出现注意力无法集中、精力减退，思维混乱、理不出头绪、静不下心等情况，引起工作效率的明显下降。严重的，还可能出现身体不适，例如手脚出汗、胸闷、眩晕等。

在职场中，卓越作为一个褒义词，经常会与优秀、杰出等词语一同被用来描述工作表现突出的人员或领导，是组织里最希望营造的人员主流意识及团队精神状态。追求卓越是每一个人的职业终极目标，也是人们一种与生俱来的心理诉求。尤其对于一些天生不甘于做平庸之辈的人来说，卓越更是他毕生无止境的追求。可是通过大量的事情，我们也看到，任何事物都有两面性，无止境地追求卓越，是否也应当有一个适当的“度”？当这个度失衡的时候，这样的精神诉求是否会给追求卓越的人本身或是他周围的人带来一些不良的影响？

闲暇的时候，我结合了生活中很多真实的事例，并做了归纳和分析。我觉得从个人来说，不断在职场中追求卓越的人，个性往往具备以下几个特点：事业心重、争强好胜、自尊自信、完美主义、目标明确、以结果为导向、向往权威、有强烈的控制欲及影响他人的心理驱动性，等等。整体来说，这样的人在职场中的个性极为鲜明并具有强烈的辨识性。

如果这样的人是一个领导者，正面来看，他积极的状态会给组织带来蓬勃的发展动力，他的目标指向性会引导组织朝着清晰一致的方向前进。但从反面来说，不断追求卓越的领导如果一直对组织施以高压力、强竞争、严要求、快节奏的管理，这个度一直都处于高位，将会给组织的成员带来无形的精神压力，大家长期精神高度紧绷，由于害怕做错事、无法达到领导要求，人人自危、如履薄冰，出了事也是相互推诿，会导致部门壁垒的出现。

我认为，这一焦虑，是和中国文化中的等级制度、社会上优胜略汰的规则分不开的，在几年前，我曾看过这样一部电影，电影的片头部分是这样的。在一所大学的开学典礼上，校长问大一新生：“你们知道谁第一个登上了月球吗？”学生们轻松地回答了出来，他接着问：“那么谁是第二个登月的人呢？”学生们互相看了看，都回答不上来。校长于是说，只有成为第一，才能被别人所记住，否则便是失败。正是这种对于第一的强烈渴望，以及成为第一之后巨大的自恋满足，使得人类的完美需要被源源不断地制造出来。

在一档国外的社科栏目中，针对自我加压这个话题，美国心理专家认为：焦虑是面对某些环境刺激的恐惧而形成的一种条件反射。在有应激事件发生的情况下，则更有可能出现焦虑症。另外，认知过程的不完整在焦虑的形成中也起着极其重要的作用。研究发现，很多有焦虑症的人比一般人更倾向于把模棱两可的、甚至是良性的事件解释成危机的先兆，更倾向于认为坏事情会落到他们头上，更倾向于认为失败在等待着他们，更倾向于低估自己对消极事件的控制能力。在性格上，他们较为怯懦，遇事易紧张，对困难估计过高，对自己身体过分关注，遇到挫折又易过分自责。这种人在遇到精神刺激或在不顺利的环境下，或大脑长期处于紧张状态之中，则有可能发病。

昨天借着公司聚餐的机会，我巧妙地将这个话题抛了出来。片刻间引来了所有人的激烈讨论，然而在所有人的评论中，让我感到印象最深刻的说法出自我们公司的人力资源主管，他说："职场是一个涉及利益的关系圈，变化很复杂，尤其是在大中城市。每天担忧的很多，甚至每刻都要算出花费与获益的比例，人就难免会对自身造成一种心理压迫，很多情况下，会容易激动，易与人争吵，这样会对身体造成很大的不利。严重的情况下会引起恐惧心理以及自闭倾向，不能正常休息和工作，可见职场危机的危害甚大，需要一个度的控制。"

其实无止境追求卓越本身并没有错，但是我们也得正视在不断追求卓越过程中产生的种种问题，不能只是为了"追"而"追"，怎样健康、合理地"追"？值得我们思考。

不允许自己在任何细节上有差池

完美主义者往往责任感很强，用高标准要求自己，追求细节，凡事过于认真。在这个强调注重细节成功的年代，表面看来，这些职场上的完美主义追求没有错，但在现实生活中，却在无形之中给原本压力巨大的“工作族”增添了更多的困扰。

近日来，我的同事小俊总是在办公室不断抱怨，说他的女友最近很让他担心，面对众人不解的目光，利用周末公司聚餐的机会，我们安静地听完了小俊肚子里的“苦水”。

小俊的女友叫陈云熙，目前就职于一家室内设计公司，作为设计员的她每天都要分析设计方案的优劣，有时为了一处不打紧的规划，云熙总会花很长时间去思考，有时忙了一天，到了晚上快要休息了，忽然想起白天自己审的设计图可能有个别地方有缺陷，然后就打开电脑，把设计图找出来，认认真真地再看一遍，有时看着看着就睡着了，这样的事情时常发生。

有时候小俊看着女友如此操劳，心里感觉很不舒服，小俊说宁愿累的人是自己。小俊也总会劝云熙，希望她多注意身体。可是无论小俊怎么说，云熙就是不听，依旧每天投入大量的时间在自己的工作上去挖掘那些她认为有瑕疵的细节。小俊说他女朋友总是害怕自己会做错，在他看来明明已经做得很好了，可云熙就是不满意。以至于现在云熙每天早晨睁开眼睛的第一件事情不是吃早饭，而是开电脑。她总是很怕自己做错什么。

最近，小俊发现，云熙的精神状态似乎有些失控了：云熙几乎将全部的精力都投入到了工作中，人也开始变得越来越挑剔、暴躁，也越来越不能容忍小俊的劝阻。面对云熙益发严苛的要求和态度，以及随时有可能爆发的怒火，小俊似乎也吓坏了，每天回到家就看到云熙坐在电脑前，两个人都好几天没说话了，屋子里的氛围开始变得越来越压抑和沉闷。

那天聚餐结束之后，回到家里有些难眠，于是索性去了豆瓣，留下了一篇名为“工作中，你是否深陷于完美主义”的帖子，在这个帖子中我见到许多年轻女孩表示，她们过度在乎工作的细节，以致无法把焦点放在真正重要的事情上。在所有的回复中一个网名叫做“Fly”的女孩引起了我的注意，她说：“我在一间物流公司工作，以前我也有过这种状况，之前工作中我会重复检查快递的盒子20次。现在想想这根本没有必要，我应该思考什么才是必须要做的。在我学会这么做之后，我的工作做得好多了，而且也更有效率。”

虽然重视细节及希望凡事尽善尽美很重要，但是不能过度，否则就可能成为前进的障碍。生活中，有人总是想着要把工作做到最好，因为太过专注结果而忽略了过程，因为太过专注细节而忽略了全局，因为太过专注业绩而忽略了方法，他们期望达到工作中的完美境界，可往往事与愿违后，主观上自认为完美遥不可及，客观上会因此心态而影响工作。

我还记得几年前看过一本洛兰·拉弗蒂写的有关“完美主义”的书。她在书里指出，完美主义者将他们的自我价值与完美无缺的表现挂钩，所以他们老是拘泥于细枝末节，花太多时间做企划，反而拖慢了进程。拉弗蒂的建议是不要追求完美，她说完美主义者必须知道，他们经手的事情有着不同的重要性。拉弗蒂说：“理出事情的优先顺序，将会使你更能应付自己的工作量和压力。”

其实，工作中太在乎完美，往往会忽略真正重要的事情。我的一个学心理学的微友“一念执着”认为，有完美主义倾向的白领人士，多是那些成功欲强烈的人。激烈的职场竞争，强化了他们的危机感，使得他们特别看重细节。这本是一个优势，说明他们办事认真；但过犹不及，分散人的精力，产生机会成本和负效应。

心理学家表示，完美主义其实是一种自我强求，是对一种不可能达到的境界的强求。它永远只追求结果，而全然不在乎过程。所以完美主义身上所折射出来的就是为了结果而没完没了地自我折磨。没有人会完美无缺，与其把自己放在完美的神坛上，时时担心把不完美的一面袒露出来，倒不如接受自己的不完美，容忍自己偶尔犯错，正确认识到自己并不是无所不能的神。这样，紧绷的神经就会放松下来，疲惫的身心也才有机会和时间加以休整。

我们做任何事，保持一颗平常心很重要。不管是工作，或是待人接物，我们固然要尽己所能，做到最好，但也不需太过苛求。当一个人为了追逐幸福的尾巴而不顾一切时，反而因为以偏概全的缘故，离幸福更加遥远了。

对此，心理学家建议，做事应量力而为。一个人的能力有大有小，我们不是万能的上帝，所以要允许自己有所不能，有所不为。对能力之内的事就全力改变它，对能力之外的事就全然接受它，如此我们的内心才能获得平安和快乐。

因完美主义产生的焦虑实质上是对自我的不接纳，不允许自己有阴影，只能有光明面，好的一面，优秀的一面。其目的是让自己变得更理想，更强大，有一个美好的自我形象。其实我们会看到追求完美本身已让我们自己变成了不完美，这本身就是一个不小的缺陷，会让我们陷入一个无法解脱的悖论。解决完美主义要从提高自信开始，而自我接受尤其是接受自己的缺陷和不足便是自信的开始。在另外一种意义上，不完美可能才是真正的完美。

太专注于目标，反而做得不好——目标颤抖

上个周末回了趟家，刚到家，看见7岁的小侄女正在玩手机小游戏“神庙大逃亡”，看着她手忙脚乱又是捡金币、宝石与钻石，又是跳、蹲、侧身、避障碍，觉着她轻重不分，便教导起她来：“做事要目的明确，不要东瞻西顾。要想逃得更远，就学会舍弃，无视财物，专一逃亡。”

小侄女按着我的方法去做，然而逃亡者并没有逃得更远，相反，逃的距离更短。

我抢过手机，自己试了试，也一样。原来很简单与自然的侧身动作，因舍弃金币而常常忘却；原来很熟练的跳跃，因舍弃金币而跳得很不合时宜……

我不禁陷入了沉思。

心理学有一个理论叫“目标颤抖”，大意就是说，当你特别想得到某种东西，或者特别想做好某件事时，往往会因为太专注于目标，反倒得不到、做不好。也就是说，当你特别专注于目标时，离失败也就不远了。

这让我想起一个故事：方丈让小和尚去山下端一碗油回来，并一再强调，一定要端好，洒一点就揍他。小和尚回来的路上全神关注，一直盯着碗里的油，生怕洒了一点点。由于小和尚过于紧张，结果就事与愿违，回到庙里就剩下小半碗油了，受到了方丈的处罚。几天后，方丈又一次让小和尚下山，去完成和上一次一模一样的任务，小和尚犯难了。这时候一个老和尚来到他的身边，告诉他：“你可以去，但是要把沿途的美景告诉我就帮助你渡过难关。”小和尚将信将疑

地走了。一路上，他谨记老和尚的话，仔细地观察路边的美景，回到庙里，小和尚喜出望外，因为居然发现碗里还是满满的。

生活中我们大家应该都有这样的经历，如果说长时间注目一个汉字，越看越不像，越看越没有把握，到最后只好查字典验证。

这与我昨天在朋友圈看到的一篇文章一样，说照相师最怕拍集体照，虽然按下快门的一瞬间都是一再强调："注意，不要眨眼，1、2、3！""咔嚓"下去，很多时候还是有人闭眼。后来他就改了方法："大家先闭眼，1、2、3，睁开！"问题一下子解决了。

当我把这件事和一个学心理学的朋友说的时候，他笑了笑，没有多做解释，而是和我说起了一件事情：世界著名的走钢索人卡尔·瓦伦达几乎每一次表演都非常成功。但1978年他在波多利各首都表演时，从75英尺高的钢索上掉下来摔死了。令人不可思仪！后来，他的朋友道出了原因，因为那次有个重要的人物到场，他在赛前不断地告诫自己："我一定不能失败，我一定要成功！"然而，就在他"一定要成功"的念叨声中，他却没有获得成功！这件事成为了心理学家手中最著名的实例："目标颤抖"理论很好地解释了"瓦伦达心态"的产生原因。

庄子也讲过类似的故事：一个博弈者用瓦盆做赌注，他的技艺可以发挥得淋漓尽致；而他拿黄金下注，则大失水准。庄子把这称之为"外重者内拙"。

在奥运会中这种现象很常见。比较突出的例子是转播国足比赛时解说员描述某球员的射门："中国队射门，打在对方守门员身上；再射，打在立柱上；再射，偏了……"为什么必进之球没踢进？过于注重动作的结果，过于考虑结果的意义，背上了想赢怕输的包袱，使最简单的技术动作走样变形，心理的失衡导致比赛的失败。

现代心理学进一步解释说，所以出现目的颤抖，是因为目的性越强，就越害怕达不到目的，就越害怕失败的结果。越是害怕失败的结果，大脑中反而越容易出现失败的图像。美国斯坦福大学的一项研究表明，人大脑里的某一图像，会像实际情况那样刺激人的神经系统。比如，当一个高尔夫球手击球前一再告诉自己"千万不要把球打进水里"，这时，他的大脑里偏偏就会出现"球掉进水里"的情景。这一情景会指挥他的神经系统，使事情并不像他希望的那样发展，而是向他害怕的方向发展，结果呢，球大多都会掉进水里。

生活中，每个人都应该有目的和目标，这是我们前进的原动力。但是太看中结果，反而让目标成为了束缚手脚的沉重负担。你将目的作成沙袋捆绑在自己身上，每前进一步，巨大的牵累与恐惧就赶来羁绊你的手脚，如此，你将如何去遇见那个成功的自我呢?

当出现“目的颤抖”时，我们需要努力做到放松自己的心态。因为越是紧张，成功的几率就越小。有句话说得好：“大体则有，具体则无。”在做事情的具体过程中，更应该把羁绊心灵的“目的”扔得远远的，让自己得意淡然，失意坦然，平心静气，气定神闲。如此心境，哪里还有什么目的颤抖？如此人生，岂能不多一筹胜算？

总是想着离开公司——跳槽焦虑

周日晚上，看到“青春的浮华”在朋友圈发消息说：“明天不用起早挤地铁了，不知该喜还是悲？”

我回：“怎么，又炒老板鱿鱼了？”

对方立即回来一个大哭的表情。

“青春的浮华”是我三年前只相处过一周的同事，因为她人漂亮，嘴巴又甜，一天到晚阳光灿烂。

如果我没记错，这是她三年来第四次跳槽了。最长在一家公司呆了一年，短则不到半年。

我刚要调侃她几句，电话就打过来了。

“很想喝啤酒，吃烤串，你来不来？”

“拜托，你也不看看现在几点了？”

“我失业了你都不来陪陪我？太狠心了吧。”

“我不像你，明天自由身，我明天还得工作呢。”

“那你帮我分析分析，我怎么就在一家公司干不长呢？干几个月就厌倦了，就想要换个新环境。”

“听说过‘跳槽焦虑症’吗？”

……

我曾经在一本书上看到这样一段话：“阶段性地厌倦工作，想要换个新环境；总是对各类岗位信息高度敏感，时刻利用各种机会寻找新机会；对职位和薪水的追求永无止境都是‘跳槽焦虑症’的表现。”听过她的经历后，我觉得她有可能是患上“跳槽焦虑”症了。

很多人工作了几年后，认为自己已经有了相当的价值，但自己的职位、薪水同比并没有达到理想的状态。而他们往往认为在自己目前的岗位上熬年头实在太慢，于是，他们疯狂地在各大招聘类网站寻求信息，并寄出简历。这部分人的初衷其实也不一定想离职，他们只是想了解自己的身价，也是在试图得到自己的职业生涯反馈。

一个做HR的死党和我说：“工作3年左右的白领是‘跳槽焦虑症’的高发群体，而这一群体中大部分还没有成婚，没有来自家庭的负担和责任，使得他们不惧怕风险，更愿意去冒险。而且，年轻人野心勃勃，幻想着未来的风光生活，愿意为了这份梦想放弃安定。但是，光有激情往往还不能成功。在我接触到的职场跳槽者中，至少有6成以上属于盲目跳槽，即还没有好好地为自己做一份适合的职业规划就匆忙跳槽，客观上导致的结果，也就是频频跳槽。”

我还见过有些人，他们就想着充实自己的经历。感觉跳槽多、涉及的岗位多、行业多就是实力的表现，在越多的公司工作过，就证明自己越有能力。因此，这些人不喜欢在一个地方多呆，每到一个地方工作不久就想跳槽。而这样没有方向和缺乏职业规划的胡乱跳槽，最后还是弊远大于利。

无论是在行业内的跳槽，还是转换行业，体现的都是职场人对于职业的集体焦虑。职场人频繁换工作的背后，既有希望通过改变工作提升待遇的期望，也有寄希望于换职业带来更好的发展。有专家指出，职业焦虑的产生，有着复杂的时代背景和社会原因，是社会转型、生存压力、外界期待等因素均加在个体身上后的叠加反映。

对于职场人来说，随着互联网的发展，风险与机遇并存，生活的不确定性也越来越大，这更加深了职场人的职业焦虑。同时，企业方面的管理缺失、社会保障制度不健全，甚至是一些特定的行业特性都加剧了职场人的这种“不确定性”。

对此，有心理学专家指出，职场人跳槽应当是为了获得更好发展甚至是实现自我价值，对于很多有一定工作经验和突出成绩的人来说，跳槽无疑是一种办法。但是对于盲目追求快速回报，不断“随大流”被迫选择跳槽、被迫适应新工作的职场人来说，这样的跳槽只会加剧其身后的职业焦虑。

我曾在央视“社会与法”频道看过一个节目，里面分析目前国内各类专业人才紧缺，加上整个人才市场流动率较高，客观上使得都市白领工作变动的可能性较大，但尽管如此，多数社会学者认为，白领们仍需警惕“跳槽焦虑症”。

“跳槽焦虑症”的危害有很多，例如：总是想着跳槽，在现在岗位上的心态会受到影响，想着的是离开公司，当然不会再那么努力了，即使没有跳槽，也势必影响工作表现；最严重的是，只想着跳槽，却没有想到跳到哪，如何跳，结果跳槽后才发现职业满意度还不如从前，职业生涯却越跳越乱，越跳越糟。

一个小有名气的职业规划专家说，“都市白领特别是年轻白领必须要警惕‘跳槽焦虑症’的袭扰。当你又产生了跳槽念头时，一定要先想好，究竟怎样的路适合自己，跳槽是否有利于个人职业生涯的下一步发展。”

当我们在被跳槽焦虑所困恼时，不妨先让自己的心平稳下来，可以先从做制定工作计划入手，使自己慢慢进入状态。此外，注意调整工作和生活的节奏，使之相互协调。不能一直把悠闲、懒散的态度带到工作中，也不能因为工作紧张的步伐而无法在生活里慢下来。找到生活和工作的平衡点，保持平和、积极、乐观的心态，精力充沛、自信满满地出现在职场中不是更好么？

职业规划并不是一成不变的。根据你当前发展的需要、所处的环境等，适时地调整你的计划方案和步伐节奏：或要补充学习一些新技能，或要调整心态，或要重新评估短期目标的可行性……使自己保持在最佳的工作状态中。时刻以职业规划为中心，不断优化和扩充自己的计划，不仅能让自己保持良好的心态，也能提高工作效率和跳槽成功率。

总是怀疑自己做不好工作——能力焦虑症

现代职场人都或多或少地体验过焦虑的情绪。是的，焦虑是一种情绪，而不是一种事实，保持适度的焦虑，有时候未必是件坏事，就像鲶鱼效应一样，一个人自身的焦虑会激发出更强的动力和进取心。然而，过犹不及，如果焦虑中担心的状况，对应成了事实，进而对自我产生了否定，那么焦虑就不是什么好事了。

邻居家的张雨晨是我从小就一直视为榜样的女生，她拥有同龄人美慕的名校学历背景，毕业后，以管培生身份顺利进入了知名外企，目前的职位是人力资源的培训主管。

然而拥有这样职业背景的女生今天过来找我向我大吐苦水，并且问我，该怎么跳槽？

“跳槽？是不是庙太小了？世界500强。是不是工作没有发挥价值？管培生，业务骨干。是不是人际关系不好？360度考评中，次次优秀。那是为了什么？”面对这个问题，我心中十分不解。

然而雨晨给出的理由简直把我雷得外焦里嫩：“我的能力不行！”

从雨晨一直紧锁的双眉来看，她应该是太过焦虑了。有人会说，“这还不好判断？人家自己都说了能力不行，能力不行必然导致焦虑啊。”真的吗？有没有见过不能胜任，却怡然自乐，以为捡了便宜的？有没有见过能力超强，却又整天如履薄冰的？

我问她：“你想跳到哪里？”

雨晨一下愣住了，那一刻，我在她的眼神里看到了失落。“都可以吧，只要我能做得来就行，这份工作好是好，我却总感觉自己做不好。”

我直接说：“别骗自己了，你根本不想跳槽。焦虑和能力有关，也无关。有关在于，焦虑情绪总会和能力联结上，无关在于，焦虑的消除往往需要悦纳当下的状态，包括能力状态。”

雨晨听过我的话，忽然沉默下来，不再言语。

雨晨表现出的状态多是跟“能力焦虑症”有关，这类人群多以不自信为主，一件工作交代下来总是怀疑自己能否做好，自己的能力够不够，做不好怎么办。

这让我想起很久以前看过的一个故事：一次马戏团演出，驯兽师在笼子里领着几只老虎表演。突然停电了，观众什么都看不见，只能听到驯兽师还在对老虎发出各种口令。演出结束后，有人问驯兽师停电时是否害怕。驯兽师说开始害怕，但越害怕越容易出问题，所以我也就冷静下来，继续对老虎发口令了。别人又问，你当时看不见老虎啊，发口令有什么用？驯兽师说我是看不见老虎，但是老虎不知道我看不见它们啊，所以只要我不停地发口令，老虎就以为我能看见它们，也就会很老实了。

其实生活中你的不自信往往来自于你自己，别人是看不到你最深处的。这个时候不妨做个“厚脸皮”，没有人（除了你自己）会介意的。

其实我大学刚毕业的时候也面临过这种窘况，我记得当时在一家公司做基层管理有三个月的时间，由于极度的不适应，导致压力很大，渐渐地面对工作没有自信、觉得自己一事无成，一提到项目就莫名的恐慌、焦虑，不想面对工作、怕见人，面对工作有时会忍不住哭泣，对生活也没有信心，见到朋友、家人也不开心，有时还会觉得很烦，任何事情都会让自己很矛盾。

给我留下印象最深的是公司组织一次大型中层培训，连续三天，由我和几个同事具体负责。定好的培训时间，反复开了几次会，一切都按照既定的日程顺利推进。然而，我却越来越焦虑了，总觉得什么事情没有做好，总觉得不够完美，这样的焦虑甚至让我寝食难安。结果，培训如期举行，在我所负责的区域，也出了几个纰漏。当时特别自责，那几天一直就在想，我怎么那么无能？于是就更加焦虑，甚至一度不敢独立负责工作了。

正是从那时起，我第一次看了心理医生，也是第一次接触心理学。我的心理辅导医师告诉我，“产生这种焦虑，不是因为追求结果的完美，也不是因为对自己要求过高，而是不能接纳自己的状态。”所谓接纳，也不是说简单承认自己就是不行，摆出死猪不怕开水烫的架势，接纳，其实是懂得在现有资源基础上做出最优的选择。当做到自己所能做的事情了，一切就交出去好了，特别是结果，那是你永远无法控制的，你所做的只能是实现期待的行动。悦纳自己，听上去容易，做起来并不容易，因为我们总会被一些客观因素影响。

别让自己委屈着活，因为没有人愿意。对于领导、权威或者是一些你希望讨好的人交付的任务总是希望接下来，而且要接好，甚至是毫无保留地答应下来。然后，发现自己可能做不了，这怎能不焦虑呢？这中间作祟的就是“讨好”心态。这自然会保护你得到些什么，比如嘉许，比如信任，但是也会因此让你无法承受任务之重。同时，你也并不愿意这样，常在心里打着算盘，做这件事会不会得到认可，做那件事呢？如此，焦虑只会加重。

你总是没错的，这是你的活法，是保护你的活法。但是，毕竟焦虑了，毕竟因为焦虑要舍掉一些别人艳羡、自己可惜的机会。这就需要一些方法，顺着焦虑作用下去，拔出那个让你不能自安的毒瘤。

焦虑时可以把自我期待写出来，一条一条的。每写一条都问问自己，是这样的吗？自己有多渴望它的实现？

在所有的期待中，把期待他人认可的挑拣出来，问问自己，有多大程度的期待认可？为什么？一定要这样吗？有没有别的方式？

把剩余的自我期待列出来，问问自己，希望在里面获得些什么？这些期待和期待别人认可的项目之间有什么关系吗？

最后，把那些并不期待他人认可的真实的自我期待的项目列出来，不要想太多了，就是这些，先做下去。

面对焦虑，最容易想到的就是能力不足，这反倒是最容易解决的问题。不是吗？饿了要吃饭，渴了要喝水，只要不纠结，怎么都好办。

如果焦虑了，先问问那个淡然的自己在哪里。接纳自己，相信时间的力量。

为什么晋升的不是我——升职焦虑症

前几天趁着假期的功夫，陪老妈到医院做了次全身检查，等待结果的时候碰巧遇到了以前大学时期的学长陈丰泽。看着他一脸憔悴的样子，心想他最近生活可能是出了一些问题，于是走过去很自然地和他打了声招呼。他抬头看到我，一愣，然后对着我苦笑起来。通过与他的交谈，我了解到，原来陈丰泽的痛苦并不是身体上的病痛。

陈丰泽工作能力出色，如今在公司里早已是部门主管了，前不久，公司内总经理升迁了，副总经理顺理成章地当上总经理，于是留下一个副总经理的空缺。陈丰泽在心里衡量了两三天，他觉得无论从资历、业务能力还是跟领导的关系等方面来讲，他都是副总经理的理想人选，周围的同事也都这样认为。可哪想到，公布副总经理人选时，他傻了眼，是一个比他还年轻的同事。随后几天，陈丰泽表面上装作若无其事，但心里却波涛汹涌："凭什么他当副总经理？我哪还有脸见人？"连续好几天，他的脑子里一直盘旋着这些问题。

陈丰泽告诉我，一个星期下来，他失眠了，而且很烦躁，动不动就对家人发火，在单位工作也提不起精神，对什么事情都感到很悲观。直到现在，他的症状不断加剧，而且还出现了心慌、看到饭菜就恶心的症状。他曾一度想自己该不会是得了啥绝症吧？担心之余，他瞒着家人和同事，偷偷地来到医院的心理门诊。医生告诉他，这是患上了"升职焦虑症"，要尽快进行心理疏导，否则症状还会不断加重，甚至能引发抑郁症等重度精神疾病。

临告别的时候，陈丰泽小声地对我说请我一定替他保密。我点点头表示答应。

大多数职场人都有一种根深蒂固的观念，一个人，如果想过上好日子，就要在刚刚进入职场的那一刻不停地努力向上爬。于是很多员工都盼着被提拔成领导，成了领导以后，低级要成高级，副职要成正职。现在很多副职的观念就是："如果我没被提拔或没被扶正，就是人生的失败。"这种观念本身就让我们产生压力。

这类人群心情通常都很压抑，他们有能力，工作出色，业绩非凡，人缘也不错，且任劳任怨。可每次人员变动时幸运之神都不眷顾自己。其实，这种焦虑也是正常的，在职场中遇到这种情况很多人都想不通：到底是为什么？这么努力还有哪做得不好吗，老板是怎么想的？相信很多人遇到这种情况，这些问题都会浮现在脑海中。这时最好与领导真诚沟通一下，解决内心的疑问，如果老板没注意到你的努力和业绩，那就让他注意到，如果哪些地方还有缺点，就尽快改正，如果老板从来没考虑过你的升职计划，你就可以跳槽了，寻找可以发挥自己能力的平台展现自己。

前不久在天涯论坛上看到一篇文章，提到一名科级干部因为没有被提拔而焦虑，进而引发心态上的变化：由当初刚上班时的不知疲倦、热情洋溢，到如今的一上班就盼下班，对交给的任务能推就推，不能推的就敷衍了事。这是典型的"天花板"式焦虑。

如何减轻这种焦虑呢？从根本上说，我们要换一种想法。如果人家不能提拔我，是不是就是我人生的失败？我们要质疑、挑战这个观念，追问一句，这个观念是正确的吗？我们只要一质疑就会发现，这不一定对。

正如我一个远房表叔，他在当地是一位颇有名气的老师，可连续两年评特级教师职称，都没有通过。原因就是，他老上电视做节目，为杂志写专栏。表叔气归气，但还是很耐心地去问评委："为什么我就不合格？"评委回复说："你努力吧。"表叔又问："我往哪儿努力？是我知识水平不够？工龄不够？还是课教得不够好？"评委气愤地说："你全够，你太好了！"于是我表叔就想："那我往哪儿努力呀？明年还申报不申报了？我别报了吧？可我不报，这辈子就止步于高级教师了。如果这辈子就当高级教师了，我能不能接受？"

表叔转念又一想："如果评委认为上电视做科普是个缺点，那说明他们的鉴赏眼光有偏差。如果我成为特级教师，进入他们认可的行列，那没准才是人生的失败。不和他们在一个队伍，说不定还是一种光荣呢！别人接受不接受和我没什么关系。回到家，家人能理解、能接受吗？"于是他问家里人："如果我这辈子一直干到退休，就只能是高级教师了，你们觉得丢脸不丢脸？"结果家人异口同声地说："你这个高级教师，在我们眼里比特级教师还敬业、水平还高！"

没当特级教师的好处也很多，不用去给别的老师评特级了，也不用开各种各样的会议了。一来二去，省出了不少时间，能多做些教学、科研工作不说，还省出了许多锻炼身体、陪伴家人的时间。而同事升级为特级以后，就忙多了，经常出差，对家人的照顾也少了。

可能有人觉得没能往上走在周围人面前有些没面子，让人有点郁闷。对不了解具体情况的人而言，他们的想法不是我们该关心的。因为任何人都可以把别人看得很低，但自己应该客观地看待自己。如果我们总把别人的评价和眼光当成标准，谁都没法帮助我们走出来。不同地区标准也不同，许多同行可能综合实力并不如我们，但级别早已超越我们，还要我们去他那里进修。老是比较，没有尽头。

作为职场人，不能被一时之名利所累，反而对自己生命的真正意义和价值不关心、不负责。职位的高低不能衡量一个人的价值大小，能够在工作岗位上有自己独到的建树，能够在属于自己的舞台上尽情展现自己的才华，能够为身边的亲人做真事、实事，即使得不到升迁，谁又能说你的人生没有价值呢？虽然，不想当将军的士兵不是好士兵，可当将军只是为了更好地实现自身价值，而不是实现自身价值就只能通过当将军，当将军是手段不是目的，职场人切莫本末倒置。

著名社会学家费孝通先生曾这样评价他的老师潘光旦："我们这一代很看重别人怎么看待自己，潘先生比我们深一层，就是把心思用在自己怎么看待自己上。"看重别人怎么看自己，在意的是身外的评价、地位，那其实都是虚名；心思用在自己怎么看待自己，在意的是自己对不对得住自己，是审视自我生命能不能不断创造与更新，从而获得真价值、真意义。朋友，放下心中那沉重的负担，抬起头，去寻找自己生命中真正的欢乐，实现自己人生中真正的价值吧。

第五章

信息焦虑
——走出网络，
发现现实中的乐趣

你有信息焦虑症吗

很多人最初接触网络时，几乎都会惊喜地发现，这里的信息简直上天入地，无所不有。但是，必须得承认，网络信息带来方便和愉悦的同时，也带来了紧张焦虑。大量信息排山倒海而来，令人茫然无措，不知哪些有用，哪些没用，也不知从哪儿入手才好。而且人们总担心最有价值的信息被遗漏了，老想把全部东西都看完，最后搞得自己筋疲力尽。

今早到医院看望了一个老朋友，正巧在医院门口遇到了他的母亲，短暂地交谈了几句，他母亲告诉我，海涛最近一段时间工作压力特别大，而且每天都没精打采的，显得十分萎靡，希望我能够多劝劝他，让他多休息。我答应下来。

走进病房，发现海涛已经醒了，我给他剥了一个桔子，边吃边聊。海涛有些无神地望着天花板，跟我讲述着他这段时间以来的经历。

半年前，海涛跳槽到一家新公司做顾问。迫于环境的压力，海涛必须在尽可能短的时间里了解有关新工作的一切。两个星期之内，海涛每天都仿佛被信息的汪洋大海吞没，连呼吸都觉得困难。

海涛不停地上网，不停地查阅信息，没有时间去抽取，也没有时间思考，渐渐地发觉心里越来越慌乱：这么多东西，几时能看完？海涛整日陷入到一种焦虑状态里：紧张、茫然、不知所措，睡眠也出了问题。有时候就算在梦里也能看见无数的网页和资料朝着自己飞来，数不清的文字在海涛眼前掠过，最后急得海涛满头大汗地惊醒。

所谓“信息焦虑症”，是由于大脑输入过多信息所致。人体对外界信息的输入，需要大脑高级中枢去综合、分析和判断，并进行一番信息加工。如果在短时间内接受大量繁杂信息，来不及分解消化，超出机体的承受力，便会造成一系列的自我强迫和紧张。这非常接近精神病学中的焦虑症状，因此被一些人称为“信息焦虑症”。

患有“信息焦虑症”的人除了睡觉以外，会将大量的时间都花在网上，看看网页、聊聊QQ、玩玩游戏。但是一旦家中出现网络无信号、突然断电、电脑故障等情况，这一人群便会感觉极度不适，变得焦虑不安、心情浮躁，工作人士就会担心漏掉重要的信息，害怕给工作带来负面影响，继而引发精神、生理上的反应，甚至出现失眠、头痛、食欲下降、恶心呕吐等症状。

社会学家分析，造成“信息焦虑症”最主要的原因是现代社会信息量的增加和信息重要性的加强。由于科技通信发达，信息的传播速度快，大量信息的传入，随时需要更新最新信息加以消化利用，使大部分的人患上“信息焦虑症”。很多人不断强迫自己更新知识信息储备的方式，往往使人脑的记忆系统难以适应，当新信息进入，已经装纳大量信息的脑子往往来不及腾挪出足够空间再接纳新信息，或者不适应新信息的来临。在17世纪，一个中国人一生所能获得的信息量还不如现在一份《纽约时报》上的信息量。由此可见，现代社会所能提供的信息量，远远超出一个人所能接受的容量，面对如此繁多的信息，人们自然会想尽量多吸收一些。可是当人们发现再怎么努力也不可能知晓全部信息的时候，就会觉得急躁焦虑。

心理学家认为，对于一些人来说，大量的信息已经成为他们的必需品，在工作中离不开信息的收集和处理，像媒体从业者，以及每天坐在电脑前的各种都市职业人，每日需接触“海量”的各类信息，或对信息资源有较强的掌控欲望，这类群体患上“信息焦虑症”可能性较大。一旦这类群体每天正常获取信息的渠道发生不畅，他们就会感到极不适应，变得焦躁不安，认为是自己错过信息，一些人会不停地看手机、电子邮箱，对于这样一部分人而言，“信息焦虑症”的产生完全是因为自己施加给自身的压力。

医学上尚未对此症提出有针对性的医治方法，对此，心理医生也只能给出一些建议。

首先是有选择性地接收信息。现代生活中的所有信息，若想要全面接收是不可能，只会搞得自己脑袋爆炸而已。“选择性”地接收与自身有关的信息，是每个人都该有的能力，否则信息焦虑症就会缠着你，让你成天喘不过气来。可以尝试强迫自己偶尔关机，打破这种制约。

其次是每天让自己有一小段信息空白的时间，好好安静一下，或者发呆，或者沉淀一下杂乱的思路；而且每周也该有数小时的空白时间让大脑不去工作，每月、每年都该适当地休假。“休息是为了走更远的路”就是最高的原则，身心是需要定期保养的。

最后，不要有与人比较的心态。每个人的经历、专长不同，别人懂的你不一定熟悉，你熟悉的别人不一定懂，成日只想与别人比较，只会累死自己。无论个人对信息的掌握多么全面，遗漏总是难免的。况且很多时候，信息也并不是决定成败的唯一因素。因此，平时感到很累的人应适当放慢生活节奏，不必整天想着信息的事情。要培养多种爱好，摆脱信息依赖。业余时间也不要陷于网络和手机之中，我们可以听听音乐，出门运动，看看书等，甚至是做个吃货。

Wi-Fi里的焦虑人生

朋友聚会，坐下来，有人举起手机说：“先别吃，等我先拍一张。”然后是拍照、上传、等待接受赞美或者吐槽、回复……一顿饭下来，手机“吃”得最多。我现在对这样的情景已经习以为常了。

如今无论是咖啡厅、酒吧、餐厅，还是公交、地铁，甚至连路边不起眼的小面馆都写着“店内Wi-Fi覆盖”的字眼，在这种趋势下，不少使用智能机的用户开始对无线互联网中的各类应用上瘾，没有Wi-Fi就感到焦虑。比如，一些人聚会吃饭的时候如果餐厅没有Wi-Fi就会碎碎念，吃饭也没有心思。

周末，我和莎莎约好去咖啡厅，坐下后，她习惯性地打开Wi-Fi上网。不巧，手机没电自动关机了。

她拍拍手机：“居然没电，怎么这么不给力？”

她说：“你用的是苹果吗？充电器带没？”

我说没带，她懊恼地说：“平时充电器都装在包里，都怪我今天出门换了个包，充电器忘记拿了。”

我企图岔开话题，但失败了。

她不停地向我抱怨：“本来还想拍一张合影发朋友圈的，这下泡汤了。”

接下来的几分钟，她把手机颠过来倒过去反复看了几遍，几次试图开机都失败了。

我看她一副魂不守舍的样子，说："你现在最想做的事是不是马上回家立即把手机电源插上？"

她抬起头，眼睛放光，像鸡啄米一样点头，"对对，我恨不得插上翅膀飞回家。"

我说："现在大家越来越离不开Wi-Fi了，没有Wi-Fi，简直活不下去，感觉被整个世界遗弃了。"

她说："是啊，我最近也觉得，一会儿不打开看看朋友圈，就觉得快要疯掉了。"

她说她每天都会将吃的、玩的、去了哪里、买的东西拍照上传朋友圈。每天醒来的第一件事，就是拿起手机打开微信，看看"朋友圈"旁那个小红点是否又亮起来了。看看朋友们在"圈子"里转发的各种信息，谁去哪里旅游了，谁去哪里吃饭了，谁又恋爱了，谁又跳槽了等等。每天睡前的最后一件事，也是再刷一遍"朋友圈"。她记不清这个习惯养成多久了，但已经好像饿了要吃饭、渴了要喝水一样，成了一种完全自然的需求。

末了，她不胜担忧地问我："你说我这算不算病？"

"你这是病得不轻啊！"我开玩笑说。

其实我对莎莎说的话有一半是玩笑，有一半是认真的，这种病叫"Wi-Fi焦虑症"。心理专家指出，如果你进店就问"有网络吗"，一旦店家没有相应设备就感到手足无措，那你可能已经是比较典型的"Wi-Fi焦虑症"患者了。心理专家进一步解释说，这属于"信息收集强迫症"。大脑对于信息的需求得不到满足，人就会产生一种不适的感觉。当使用Wi-Fi时，大脑持续着信息收集的状态，如果信号中断，这种状态被打破，人就会焦躁不安。

另外，有心理研究者认为，在陌生人的社会里，人与人的空间距离拉大，彼此的交流受到一定阻隔，人的孤独感增强，彼此之间的不信任感也会增加，人们迫切需要来自"熟人"的慰藉，"朋友圈"正是扮演着熟人角色，满足了人际交往的需要。而当"朋友圈"建立起这样一个活跃的熟悉群体，害怕孤独的人会一遍遍地刷屏，想看看微信朋友圈里的"朋友们"在干什么，在点赞和评论的过程中，保持和朋友们的互动，或者不停地发自己的状态，从别人的回复里寻找自己的存在感，并且在阅读这些评论时得到自我满足或者自我陶醉。

朋友圈将虚拟的社交和现实的交际圈融合到了一起，一方面给人私密的安全感，让人们享有选择开放或者封闭的自由。这也许是很多人不愿离开这个圈子的另一个原因。

我觉得“Wi-Fi焦虑症”完全是人为的，只要加强自我约束，便可防止焦虑症的发生。

1.在上网时间上要自我约束，特别在夜间上网时间不宜过长。可以为自己一天的工作学习做出计划，找出哪些是必须上网解决的，最好带着明确的目的上网。

2.寻找替代娱乐方式。喜欢玩手机的人大多缺乏其他的兴趣爱好，所以平时要丰富业余生活，比如外出旅游、和朋友聊天、散步、参加一些体育锻炼等。

3.多和朋友聚会。很多“手机依赖症”人群有一种特征就是沉浸在手机虚拟世界里，喜欢玩朋友圈，发状态得到朋友的回复。如果能够和朋友多交流，一起参加各种活动，比如可以一起去骑行、去打球，等等，不仅锻炼了身体，还有助于开放内心，扩大交际圈，使性格变得更活泼外向。

4.很多人晚上躺在床上拿着手机就放不下，凌晨还在刷朋友圈。调整生活作息，形成良好的作息习惯很重要。如果规划好每天早上几点起床，有什么安排，什么时候吃饭，什么时候睡觉等，并坚持按着计划去执行，这样能够使自己的生活排得满满的，不给自己机会去碰手机。

科技带来了进步，也带来了副作用。科技创造了朋友圈，只要有Wi-Fi，你可以免费发视频、传照片、分享心情。有人说，如今的聚会大家只是表面上在一起，因为各自都只顾低头刷微博或用微信聊天，忽略了面对面的交流，让我们“这么近，那么远”。

当“朋友圈”几乎渗透到了生活的每一个角落，连接Wi-Fi成为一种生活方式，不拒绝，不依赖，应该是我们对待Wi-Fi应有的态度，这样才不会被即时通讯绑架，陷入焦虑。

手机焦虑症，别让技术冷漠了情感

不知何时开始，智能手机时代已悄然来临。生活中，人们似乎已完全离不开手机。吃饭时，拿出手机，拍下食物，晒个微博；看演唱会时，掏出手机，录个视频；朋友聚会时，一桌七八个人，几乎人人都低头玩手机——发微博的、玩游戏的、发短信的……就这样，手机慢慢已经占据了你大部分的生活。吃饭、睡觉、玩手机，是当下很多年轻人生活的写照。

上周末我参加了大学毕业五周年同学聚会，这也是毕业后首次大规模同学聚会。本来心里满怀憧憬，希望能和很久不见的同学畅谈一番，还记得上学那会儿，我们宿舍的几个女孩儿每天晚上都开“卧谈会”，无话不谈，毕业以后就各奔东西了，再也没有过聚齐了的时候。去之前我满以为这次聚会能让我们再回到昔日亲密无间的大学时代。

的确，聚会刚一开始，老友相见，气氛很不错。但是热闹劲没维持多一会儿，就开始有人低头戳手机屏幕。将近三十人参加的聚会，大概有一半人都在拿着手机拍照，有人拍菜，有人拍人，也有人拍餐厅，拍完了就马上发到微博上。

过了一会儿，餐厅里响起各种微博评论的提示音，拍照环节告一段落，大家开始低着头用手机回复各种微博评论，也有几个工作狂人正在用手机发邮件。眼见着说话的人越来越少，而低头刷微博的、聊QQ的、玩游戏的人越来越多，我也感到越来越失望。就算有人肯说话，也要不时看一眼手机，或者嘴里说着“你说你说”，而注意力全都在手机上，根本就是心不在焉。就这样，本该热热闹闹的聚会最终扫兴收场。

手机没带在身边就心烦意乱，无法认真工作；一段时间手机铃声不响，就会下意识地看一下铃声设置是否正确；经常把别人的手机响当成自己的手机在响，脾气也变得暴躁起来……随着手机在中国的普及，特别是年轻人手机拥有率的提高，越来越多的中国年轻人开始被“手机焦虑症”困扰。

“手机焦虑症”是一种心理疾病，多见于比较内向、孤僻、相对缺乏自信的人。随着生活节奏的加快，这种心理不适应状况出现增多趋势，特别易发于白领人群。

心理学家认为，造成这种现状的原因，首先与内心太空虚、浮躁有关，正因为内心空虚所以需要有东西来填充，而手机恰恰起到了填充的作用。生活不充实、生活太单一都是造成内心空虚的原因。

其次，很多年轻人不会欣赏身边的事物，不会独处。独处是一种能力，现在的年轻人成长的环境大多是在父母的宠爱之下，环境比较单一，缺少欣赏周围人和事的能力，一旦独处时就受不了了，甚至有人会恐惧独处，所以手机再次起到了填充作用。

另外，当人们离开了某个适应的东西后，潜意识里会对周围产生恐惧。一般来说，人们担心的并不是手机本身，而是由于手机不在身边可能会耽误一些事情。在过去那个没有手机的年代，人们根本不会因为这些事情而焦虑。手机普及后，一旦出现手机没电、欠费现象，这种从“有”到“无”的落差就会陡然出现，从而导致一些人无法集中精力做自己的事情，甚至出现头疼、头晕等身体上的症状。这些都说明了人们内心深处的焦虑和不安全感。

生活中很多人在受到手机困扰时有一种想要“把它砸烂”的冲动，这未免太过极端。其实心理学上有一种叫做“系统脱敏”的治疗方法可以一用：每天给自己规定一定的时间不使用手机，而是用固定电话。建议在近一段时间内少用手机，或一有机会就把手机转接到固定电话上，尽量保持好的心情，工作不要贪多，要保留一定的热情，多一些与朋友或家人面对面沟通的机会。接下来要慢慢延长手机不在身边的时间，坚持一段时间后，就可以摆脱“手机依赖症”了。如果还没有效果，最好赶紧找医生协助解决。

而因为工作性质的转变对手机产生依赖的人，会产生焦虑实际上是由于部分固定交际对象的突然消失而带来的交流欲望的中断。这类人可以在生活中重建自己的交际圈，利用闲暇时间参加一些联谊活动，定时和几个固定好友小聚谈天来排解抑郁的情绪，使自己尽快适应新的环境和工作。如果是对手机习惯性依赖的人，则应多在现实生活中积极与人交谈，多读读书、看看报，通过自我约束逐渐减少不必要使用手机的次数，尽量将生活的重心从手机上转移。

斯蒂文森曾说：“一个人应当摈弃那些令人心颤的杂念，全神贯注地走自己脚下的人生之路。”智能手机可以是人们社会交往的工具，但不能过分侵扰人们自身的思考、情感和交流，更不能取代真实的人际关系。如果朋友们在一起，全都低头不语，手机成精神寄托，人和人之间的关系就会疏远，严重的甚至会影响到自己正常的工作、学习和生活。放下手机还有更多的精彩，如何利用好手机，又不被手机绑架，这值得我们思考。

知识越丰富，人越容易焦虑

现实中，心理医生在门诊中经常会发现一些拥有高学历、置身高新技术行业的人士，尤其是那些常与高流量信息打交道的成年人会突发一种奇怪的疾病。这些人有个共同的特点是高学历或可称知识性人士，由于对知识与信息过度吸纳，对自己身体状况极度担忧，常常会不由自主地联想到相关的健康知识或医疗信息，焦虑地观察自我，对疾病感到恐惧，并伴有极为痛苦的幻想。心理专家们认为这是一种身心障碍，可以称之为“知识焦虑症”。

一年前，闺蜜意气风发地从美国留学归国，头顶几项炫目的光环：国内国外两所大学的双学士学位和双硕士学位；两所一流高校优秀毕业生证书。由于出国留学花了家里不少钱，闺蜜希望能尽快找到一份称心的工作“收回成本”。所以刚开始，她的目标基本锁定在上海、北京两大城市的外企，她对自己的学历和能力都充满信心。

在朋友的引荐下，闺蜜顺利地进入到上海的一家外企做事，半年后由于闺蜜的能力和工作上的努力，公司上层破格提拔她做了原来部门的主管，然而让闺蜜没有想到的是，这次升迁并没有给自己带来多久的喜悦，反而让自己变得隐隐急躁起来。成为部门主管之后的闺蜜每天下班后都会抽出很大一部分时间来完成公司里没有做完的事情，每天睡眠的时间越来越少，好不容易到了周末，闺蜜不仅没有休息，反而更加拼命地处理一些业务上的事情，就算偶尔会有一些时间，叶子也会跑去附近的图书馆为自己“充电”。不眠不休令闺蜜变得十分憔悴，在家里时常为了一些小事而变得焦虑和急躁。情绪变化无常，让家人非常担心……

我们每天都处于信息过载中，很多人被微博信息轰炸得无法判断问题，所以一些人开始用“戒网”的方式来摆脱信息过载。事实上这不是信息过载，而恰恰是“有效信息”匮乏的恶果。

信息技术日新月异，由信息闭塞到信息过度开放，会造成“饿汉吃自助餐不知如何选择”的问题。同样，我们的头脑还处于有效信息稀缺的时代，有“看到字就觉得很重要”的毛病，尚无法处理高浓度信息。最好的解决方式不是回到信息匮乏状态，而是建立辅助性信息筛选机制，帮助自己挑选重要信息。

信息匮乏和信息饱和都是灾难。但前者尚能激发人们探索的欲求，后者只能带来情绪紧张、厌倦、好奇心枯竭。

人类的思维模式还没有很好地调整到可以接受如此大量信息的阶段，由此就会造成一系列的自我强迫和紧张，非常接近精神病学中的焦虑症状。知识学多了固然是好事，但知识学多了也可能让人焦虑。

部分知性男女过度关心自己的身体与健康，由此造成焦虑倾向。比如说有一次血压升高的情况之后，这一类的人就会天天量血压，想要测定一下自己的心脏、血管的健康程度，同时经常量自己的脉搏，找心脏科的专家来做心电图的检查，时时刻刻都在注意自己身体功能的变化，甚至查遍可找到的医学资料，以求证所受的药物及治疗有何副作用或有无新的药品及技术的发展，以解决自己的问题。

这类人常有些身体不舒服的症状，例如头痛、颈酸、腹痛等，但因为对疾病或癌症的恐惧而致使某些人变为更有神经质倾向，不断地抽血或做仪器检查，即使得到显示健康的结果仍然是半信半疑，担心检验室的技术或医师的判断有问题而再换另一个地方去重新检查。

一些罹患轻微“知识焦虑症”的人会经常去做健康检查，当然在现代医学所强调的预防医学的立场上，重大疾病的早期发现的确是很重要的一件好事，但与正常人不同的是，患轻微“知识焦虑症”的人在做健康检查时，心理负担过大，不少的人表现出明显的神经质特征。

其实，“知识焦虑症”本身并不可怕，也不用担心它会转变为精神疾病，只要你能意识到它起病的原因，并正确预防及治疗，是可以有效避免的。

首先我们要认识知识焦虑的客观性。求知欲使人类渴望把更多非我的东西转变成自我的东西，这符合人类进步的需要，但现代社会非我的知识量无限浩大。未知的知识对于我们就像黑暗对于孩子，对未知的恐惧感使现代人承受着更多的心理压力，甚至造成不必要的“心理拥挤”，时时侵蚀着人类的健康与生存。我们的情绪并不是主观意志能完全控制的，但如果对待焦虑采取接纳的态度，焦虑产生后告诉自己：我焦虑了，这是一种难受的感受，但我自己控制不了，我只能接纳它。这样，虽然看来好像是一种消极的态度，然而，任何情绪的过程都有它发生、发展、高潮、下降及结束的过程，只要我们接纳它了，最终它也就消失了，正所谓“无为而无不为”。

其次我们要试着寻找知识焦虑背后的心理原因，如自己是否太过追求完美、太关注自己、太看重事物的结果、太注重他人评价等。一般情况下过度焦虑的产生背后，常常有着一些我们不愿面对的现实压力、心理冲突，如婚姻的矛盾、工作的压力、经济的危机、人际的冲突等，我们要学会正视并及时解决它们，逃避只能使问题更为复杂和麻烦。

最后我们应当寻找多途径的愉快来源，我们的愉快来源越多，我们就越少惧怕失落，越少焦虑。生活是多彩的，只要我们愿意，每时每刻我们都能享受到生活的愉快。

第六章

生存焦虑
——告别“压力山大”

金钱焦虑：什么时候能不再为钱发愁

最近，闺蜜慧茹经常为钱发愁。“上周外婆60大寿送生日礼物一份，大学同学结婚随礼一份，表姐生小孩随礼一份，同事乔迁新居又送一份。本以为这周会轻松点，没想到周一老公突然发高烧引发了肺炎，在医院打了三天点滴，医生还说要住院观察一阵。到今天为止，我在医院已经预付了2000块钱医疗费了。更心烦的还在后面，明天又要向银行交房贷了，看吧，3000块钱又没了，女儿上舞蹈班又要续费了。周末更惨，我老公住在乡下的弟弟要来城里找工作，我总得给他安排吃住吧。要是他一时半会儿找不到工作，还要在我家住上一两个月呢！钱！钱！钱！何时能够不再为它发愁！”

在送不起礼、看不起病、买不起房、养不起孩子的大背景下，对金钱充满焦虑是当下很多国人普遍的生存状态。正是因为对未来生活的保障缺乏信心，所以很多人不得不通过拼命工作，努力打拼，甚至以牺牲健康为代价，使自己赢得或者说占有更多的金钱和物质，以获得更多的安全感。

当然也有一些人在满足温饱后，只是为了证明自己有能力，想要获得更多的认可，才去追求更多的金钱。还有一些人不能从人际关系中得到满足时，就会对钱有一种特别的狂热，以补偿爱的缺失。不管基于哪一种原因，这些人都把金钱和幸福划上了等号。

我在论坛里看见一个帖子讨论：“什么是幸福？”大部分人的回答是“有钱就幸福”，还有人直言道“钱越多越幸福”。金钱既能满足人们的生理需要，又被赋予了安全、尊重、爱和自我实现等多重含义，可谓是“万能”的钥匙。但是有了钱就一定会幸福吗？钱挣得越多就会越幸福吗？

我曾看过一份《中国人生活质量与主观幸福感调查报告》。报告显示，在中国，月薪在2000元～8000元之间的中低收入人群的幸福感和月收入在8000元以上的高收入群体的幸福感，差异并不明显。有金融专家研究发现，在越过某一个阈值后，钱越多，并不意味着更高的幸福感。比如，在美国，年收入7.5万美元是幸福的基准线。如果年收入高于7.5万美元，无论高出多少，人们的情绪状态都不会有太大改善。

为什么会这样呢？经济学家萨缪尔森的幸福公式或许能够解释这一点。萨缪尔森认为，幸福与效用成正比，与欲望成反比。收入所带来的效用能使人们感到幸福，而无限的欲望会使得幸福趋向于零。他说：“随着收入的增加，一些人对物质的需求越来越多，欲望不断膨胀。但是资源具有稀缺性，欲望得不到满足，幸福也就无法实现。”这也是为什么有些人即便拥有钻石手表、豪车、豪宅却还是感到不幸福。由此可见，金钱可以购买的是宁静轻快的象征符号而非其根源。

金钱买不到幸福，那真正的幸福又是什么呢？电影《飞屋环游记》里说：“幸福，不是长生不老，不是大鱼大肉，不是权倾朝野。幸福是每一个微小的生活愿望达成。当你想吃的时候有得吃，想被爱的时候有人来爱你。”

有位朋友说得更加形象：“幸福是10岁过年时穿着新衣服，揣着压岁钱，和小伙伴一起放烟花；20岁时跟几个哥们儿天南地北地聊天、喝酒；30岁时与心爱的人牵手走过红地毯，一起营造共同的小窝；40岁时看着自己的孩子在镜子前打扮，然后夸她比她老妈当年还漂亮；50岁时跟孩子一起上街，被人说是兄妹俩；60岁时过年一大家子人聚在一起，当除夕钟声响起时热热闹闹地吃饺子；70岁时牵着老伴儿的手在公园散步，坐在长椅上看夕阳……”

总之，在这个世界上还有很多东西比金钱更重要、更宝贵。如一颗为他人默默奉献的爱心，一段执子之手与子偕老的人间情爱，一份临行密密缝、意恐迟迟归的亲情，一场身无彩凤双飞翼心有灵犀一点通的友谊，一卷囊括人类智慧陶冶性灵的书籍……这些都是对金钱来说“遥不可及”的。当我们把这些宝贝珍藏于心时，我们的内心才能真正地获得充实与幸福。

时间焦虑：每天都觉得时间很紧张

你是否每天忙忙碌碌还是感觉时间不够用？你是否一闲下来就很有罪恶感、空虚感？精神学家帕斯卡尔·讷维说："我们生活在一个歌颂雷厉风行的世界，那些看海的人难免被视为游手好闲之徒。"于是在这个崇尚速度的时代，我们也常常会因为时间而焦虑。

"我总是觉得时间不够用，要做的事情太多了。"还在上高中的表弟很早就有时间危机感了，特别是在放假的时候，这种焦虑更为明显。"表姐，今年暑假我要干什么呢？练书法？学游泳？和同学一起去参加英语夏令营？和父母外出旅游？"我说："选一样做就好了。剩下的时间呆在家里看电视、玩游戏，好好放松一下。"他摇了摇头："看电视、打电动太浪费光阴了。"似乎只有做对自己、对家人有意义的事情，他才会觉得对得起这个假期时间，对得起过去的每一分钟，或者说从更远来说，对得起自己的人生。

其实不止我表弟为时间焦虑，很多都市白领也常常感觉自己的时间不够用，"又到周末了，怎么感觉自己一周来没做什么事呢？""一会儿做这一会儿做那，忙得头晕转向的，一晃就下班了，时间过得真快！还有好多事情没完成，好伤心。""眼一睁一闭一天就过去了，太恐怖了！"

毫无疑问，这些人都患上了"时间焦虑症"。所谓"时间焦虑症"，是指人们对时间的反应过于关注而产生的情绪波动、生理变化现象。有"时间焦虑症"

的人做事总是匆匆忙忙，比如吃饭吃得快，不喜欢无所事事，如果有一段空白时间，什么也没做，会觉得很内疚。长时间处于焦虑状态下甚至会引发人体心率加快，血压升高，呼吸急促等症状。

"时间焦虑症"是快节奏时代的产物。法国格式塔疗法研究所的副主任皮埃尔·伊夫·高里奥指出，和过去的人相比，现代人对自己有着更高的要求，渴望得到所有可能获得的东西，而且是马上得到。“我们总是崇拜羡慕那些一夜暴富或者年轻有为的人，因为我们也希望在最短时间内迅速成功。由于‘一切皆有可能’，所以如果我们慢了半拍，很可能就错失了机遇，错失了成功的机会。”时下，快节奏的现代生活，使都市白领感到时间越来越不够用，越来越焦躁不安、紧张过度。

除了崇尚速度时代的影响，安全感的缺乏也是人们感觉时间紧促的原因之一。“这种全身心地投入生活的行为方式，源自一种情感上的不安全感。”埃尔·伊夫·高里奥说。他认为，安全感缺乏的孩子由于没有获得来自父母的足够信任，也没有获得身边人的肯定，会因缺乏自信而倾向于对相同的欲望做出迅速的回应。这一点，很容易明白，比如一些孩子因为缺乏自信，就容易牺牲所有的业余时间以完成事情，以获得他人的肯定。

此外，“缺乏焦点”也导致现代人感觉时间不够用。很多人因为不清楚自己的工作、学习的目标，结果遗漏了关键的信息，浪费了很多时间重复做同样的事情或是不必要的事情，进而使得工作效率大大降低。

如果你是因为手头工作太多，压力过大，而感觉时间不够用的话，尝试下面这几种方法，或许会有不错的效果。

学会拒绝。很多人之所以感觉时间不够用，最大的错就是揽了许多本不属于自己的活儿。因为你不懂拒绝，所以你总是在为别人做嫁衣。大胆地对他或她说“NO”吧，你会发现自己拥有了更多可以自由支配的时间。

排定优先级。有没有试过在忙了一天后却发现自己基本没有完成什么重要的事情？如果你不把重点事项放在第一位，你工作速度多快都没什么用，因为你永远不知道什么才是重要事项。你要学会说：“我这会儿不打算做这件事情，因为还有其他更重要的事情在等我完成。”

请他人来帮忙。我们每个人手中所拥有的时间都是相等的。很多人凡事喜欢亲力亲为，因为他们觉得没有人能比自己做得更好。但是如果你想要完成得更多，最好的办法就是请他人来帮忙。

提高你的时间利用率。没有完成的工作其实会给你带来更大的工作量，因为你需要花更多的时间把这个未完的任务重新捡起来再完成。鲁迅先生说过：“时间就像海绵里的水，只要愿意挤，总还是有的。”与其说时间不够用，倒不如说是时间利用率不高，确立自己的远近期目标，逐条细化，只有这样才能在相同的条件下创造出更高的价值。

从某种意义上来讲，我们对时间的焦虑，其实也是我们对物质的焦虑、对利益的焦虑、对成功的焦虑、对未来不确定性的焦虑。当我们为时间的流逝而焦躁不安，玩命地向时间索取最大的利益时，不要忘记片刻的停顿。

皮埃尔·伊夫·高里奥认为，人应该学会赋予自己一些权利，比如没有目标地漫步、喝茶、关掉手机、欣赏风景。生活太匆忙了，慢下来，关上电脑，看几页书，发一会儿呆，倾听自己的心声，了解内心深处的想法，你会发现另一种美好。

就业焦虑：找不到一份高薪的工作

一年一度的毕业季又来临了，从象牙塔里走出来的大学生们也开始面临着找工作的难题了。除了一小部分大学生希望找到一份糊口的工作外，大部分大学生都对自己的职业前景有着很高的期望，他们希望自己能够进入大公司、拿着高薪、享受着良好的福利待遇。但是现实往往是残酷的，在经历了无数次的碰壁之后，很多大学生都陷入了就业焦虑之中。

我表妹就是其中的一位。她每天醒来第一件事就是看手机，不是看时间而是看有没有公司给她发面试信息，然后上网查邮箱看有没有回复。

白天上完招聘网站晚上又上，来来回回地投简历，她看中的那些大公司可能嫌她没工作经验，投出的简历基本都没有得到过回复，好不容易有几次面试的机会，却也因为一些其他的原因没有被录用。还有一些公司只是说让她回去等消息，表妹对于这样的回复显得很焦急，却又不敢打电话去问。而看中她的那些公司不是规模太小，就是工资太低。表妹并不想屈就于一份月薪两三千块的工作。

在“选择”与“被选择”中徘徊了三个月，眼看着身边的同学一个个都找到了工作，爸妈又不停地询问近况：“工作找好了没？”最初心态还算平和的表妹也开始变得急躁不安。

在不少毕业生心中，知识等于财富，大学毕业就该享受每月万儿八千的薪水。我认识一名10个月内连续跳槽4次的女生，她跳槽主要是因为薪酬低：“我一个新闻系毕业的硕士怎么只能拿3000块的工资？”于是，她决定将“寻找高薪”进行到底，然而面试却频频失败，一年过去了她仍然赋闲在家，整天焦虑不已。

一位金牌HR说，在他知道的案例中，有很多抱着高薪原则找工作却四处碰壁的求职者，他们往往会陷入“心情急躁——面试失败——丧失自信”的恶性循环，最后形成了一种高不成低不就的状态。

要走出焦虑循环，摆正求职心态很关键。我们常认为，所谓的理想就是实现某些物质利益，比如金钱、名誉或者地位。但是，事实上，高薪并不等于职业理想。

我记得创新工场总裁李开复讲过一个故事。他说，他的一位同事，曾经认为工作的目的就是要赚更多的钱，于是在赚够了钱之后，就真的去享受他的环球旅行了。然而几个月后，这位同事才发现自己当初的决定是错的，因为他虽然不再担心自己会受饿，但是过得并不快乐，“因为真正的快乐来自于工作的过程，而不是由它获得的报酬”。

事业比金钱重要，机会比安稳重要，未来比今天重要。所以，初入职场，应将长远发展摆在首位，积累工作经验，不要过分在乎薪资待遇。而且一些研究也表明，那些追求理想的人，在多年以后会比那些只追求金钱的人赚到更多钱。

先就业再择业也并不是妥协。很多人说：“我就是喜欢干这一行，做不到我也要拼命去试。”好像做不到这辈子就算完了，其实这并不是一件好事。因为职业理想的实现是一个十分曲折的过程，往往我们要换上四五份工作才能找到自己真正想要的。如果各方面条件尚未具备，不能立马就得到你想要的工作，不妨就先就业再择业。骑驴找马，总会一步一步接近你的理想的。

这里再讲一个与李开复有关的故事。有一天，一位在读大学生，问李开复自己有没有可能进入Google工作。李开复询问了他一些基础知识，发现这个学生虽然很聪明，但是专业知识不够扎实，于是李开复对他说：“现在还很难，但如果再努力一下就有可能。”这名学生继续问：“我能做些什么事让这个可能性最大化呢？”李开复说：“你去读硕士吧。”并向他推荐了Google很喜欢的一所大学——加拿大的滑铁卢大学，这个学校的计算机系入学比较容易，学费也不贵。两年后这个学生拿到了硕士学位，并顺利进入Google工作。

很多刚刚从学校里走出来的大学生，动手能力差，又没有什么社会工作经验，却眼高手低、一叶障目。但是，找一个既稳定又工资高、压力小的工作其实很难。如果你想要获得长远的发展，最好从自身实际出发，找好心理定位，正确估量自己，从基础的工作做起。最后，再次重申一句：好高骛远只能让你的脚步永远停留在取与舍之间难以定夺。如果你走不出“高冷”的圈子，你只能永远蜷缩在自视清高的世界中，无法向更为远大的梦想与将来靠近一步。

30不立的挫败感和焦虑感

出名趁早、赚钱趁早、结婚趁早、买房趁早、升职趁早……眼下，越来越多的成功哲学蜂拥而上。网上甚至还流传一个“29岁”说法：“人的成长有效期，至29岁为止，29岁以后就timeout(过期)了；到30岁还不成功，你就没希望了！”在急功近利的思想大肆盛行的时代背景下，很多年轻人都深感焦虑，不少30不立的人更是充满了挫败感和幻灭感。

下面是一位80后房产销售在博客发表的自白书。

“80后，30岁，大专毕业后做过程序员、设计师、网站编辑，现在在一家中介公司做销售。今年房地产市场低迷，公司效益不好，半死不活的，随时都有倒闭的风险，我想自己创业干干其他的，但是又不知道自己能干什么，当然了，最关键的是手头没什么钱。不过就算我能借到钱，创业就一定能成功吗？我已经不是年轻小伙了。

“这两年身边的朋友一个个结婚、买房、生孩子。而我呢，没房没车，也没女朋友，光棍一条。按照中国的传统，到现在还不结婚，就是大问题。父母也很替我着急，一遍一遍地催我赶紧结婚，可我每次都说自己很忙没时间谈恋爱。其实也不是没时间，是不敢。一想到以后要买房、要养小孩我就犯难。

“就在昨天，老父亲生病了，母亲劝我回老家找工作，我真怕回去呆不住。出路在哪里？未来在哪里？不断地问，不断地思考。我想着马云的一句话：‘昨天很残酷，今天很残酷，明天很美好。很多人死在今天晚上，看不到明天的太阳。’我怕就是要死在今天晚上的人。”

“社会转型期，全民大浮躁”是产生“30不立焦虑”心理的重要原因。在如今的社会，成功总是与金钱、权力、名气、地位等因素挂钩，如果到了30岁还没有获得相应的物质条件，会被视为一个失败者。

其实，童年的教育早就为这种焦虑感埋下了种子。现在的青年大部分是独生子女，他们所受的童年教育就是“不要输在起跑线上”，这种教育方式，使得他们在很早的时候就产生了紧迫感。

社会对短期行为的支持也加深了这种焦虑感。一夜暴富、富二代、官二代、各种投机行为的出现，导致越来越多的年轻人急于求成，希望快速获得物质利益与社会地位。

“成名要趁早，30岁还没成功未来也就完了”，其实是一种误读。

过早成名不一定都是好事。我的一位朋友，刚刚过了28岁的生日，就已经是某知名上市公司的副总经理了，可谓是年少成名。但是，从几次会面的谈话中，我发现他过得并不快乐，他后来的回答也证实了我的猜想。

“现在的职务让我承受着很多我这个年龄并不该承受的东西。比如，很多时候我不得不和那些四五十岁的公司老总打交道，努力让自己表现得更加成熟、圆滑、老练，但是他们做事情搞斗争都经验丰富，这让我感觉很吃力。还有些时候，为了在下属面前保持上司的姿态，我不得不装出一种很威严的感觉，时间久了，大家都和我保持着距离，我成了孤家寡人一个。”

更糟糕的是，如今“一人之下，千人之上”的他还产生了一种事业已经到达巅峰的感觉。“我觉得我很难再达到新的高度了，这辈子似乎就这样了。”他的言语间，流露出一种浓浓的感伤。

过早成名不一定都是好事。纵观历史和现实，少年得志而最后“泯然众人矣”的并不少见。如果你“30岁还不成功”，那或许说明你还没有成为被人为拔高、扭曲的“病梅”，你还来得及享受按正常轨迹奋斗的人生乐趣。

大器晚成的大有人在。“29岁说法”是拿年龄说事，年龄对我们的人生成败，在某些时候、某些方面，或许有一定影响，但从根本上说二者是没有什么关联的。29岁以后，仍然有成功人士不断涌现，所以大可不必把长长的生命活力压缩到短短的30年之内。

戴夫·麦克卢尔，天使投资人，被视为硅谷高科技初创公司的超级投资者之一，40岁前没有投资过任何东西；摩西奶奶，画家，晚年成为美国著名和最多产的原始派画家之一，78岁前没有画过画；福杰·辛格，马拉松选手，89岁才开始跑马拉松，那之前他都以为马拉松全程只有26公里。

人生是一场马拉松式的长跑，谁也不可能永远处于发力冲刺的状态，高潮期和低潮期必然是交替而来的，焦虑迷茫的时候，不妨问问自己下面几个问题：

1.“我想要什么？”

成功的标准是多元的，成功者不限于名人和富人。问问自己：“我真正想要的是什么？我为什么不可以慢一点儿？”不要太贪心，不能什么都想要。这样想或许能让你豁然开朗。

2.“我是不是很没耐心？”

任何企业和职位，不经过一段时间的观察和学习很难做到真正了解，遇到挫折迷茫时，多些理性思考，多些耐心。更重要的是，如果你因为在寻找新机会的时候失去耐心，而导致对当下的工作也无法尽心对待，那么两头没着落的最糟糕状态也就出现了。

3.“我有平常心吗？”

古人说“三十而立”是基于那时候人的寿命普遍比现在短。放在今天这样激烈残酷的现实环境中来看，职场人不要说30岁能立了，30岁能够明确方向，开始启动，都可以算是不错的成绩。40而立甚至50而立，也都来得及。

我记得台湾学者李敖说过一句话：“当你想做什么事情的时候，不要觉得你太老了，不合适了什么的，只要去做就好了。”人生什么时候开始都不晚，只要你想做，总会有机会。

养孩子成本太高，伤不起——孩奴焦虑

继“房奴”“车奴”“卡奴”之后，“孩奴”俨然成为了新的热词。近日，不少80后年轻人频频在网上晒自己的“养娃血泪史”，言语中饱含着无限的焦虑。

网友“童童的妈妈”在博客里这样写道：“我和老公结婚没到半年，他的父母就开始催着我们要孩子了。其实我何尝不想要小孩呢，只是每每看到网上养孩子的高成本时，我就有点害怕了。我和老公工作都才两年多，工资都比较低，两人加起来也就七千左右。除了日常吃住，我们还打算买房子，如果再养一个小孩，一定会喝西北风的。所以，两年多，我们一直没要孩子。

“可是这世上总是有那么多不尽如人意的事情，有一次，我意外怀孕了。一开始心情很低落，压力特别大，想打掉孩子。但是老公说，孩子既然来了，就生下来吧。我不情愿地答应了。后来，我在医院生下了儿子。

“怀孕期间其实就已经花了不少钱了。孩子生下来以后花销更大了，奶粉呀、尿布呀、衣服呀、婴儿车呀、玩具呀、教育呀都是要考虑的。为了消减开支，我们想了很多办法。老公开始戒烟戒酒，我也不再买衣服、鞋子、化妆品了，所有省下来的钱大部分都用在了孩子身上。我们尽量给他买最好的奶粉、尿布，给他打最好的疫苗。

“在我俩勒紧裤腰带的情况下，他很快就长到三岁半了，到了上幼儿园的年纪了。这下我们又开始犯难了，是把他送去普通幼儿园呢，还是好的私立幼儿园呢？如果送去高档私立幼儿园每年的学费开支少说就得八万元，还不算生活费呢，我们能负担得起吗？如果不送去，孩子跑慢了一步，长大后岂不是落人一大截？噢，养孩子真是件麻烦事！我现在简直就是‘孩奴’了！”

当今社会养育孩子的成本越来越高无疑使得越来越多的家长成为了“孩奴”。但是，如果理性正视一下“孩奴”的现状，你就会发现，经济压力并不是造成“孩奴”的唯一原因，虚荣与攀比的心理之可怕可能远远胜过了经济压力。

许多“孩奴”从“再穷不能穷教育，再苦不能苦孩子”的观点出发，为了不让孩子输在起跑线上，想尽一切办法用金钱为孩子助跑。比如，给孩子买最好的奶粉、尿布，打最好的疫苗，让孩子上最好的幼儿园。最终将养育孩子演绎成一种高消费的奢侈攀比。

当家长们为了孩子爆发出自己根本无法承受的消费热情，并尽自己的能力去花时间挣更多的钱时，焦虑也就出现了：“噢，养孩子真是件麻烦事！我现在简直就是‘孩奴’了！”

所以，要想摆脱“孩奴”的困扰，最好从自身的角度问问自己有没有犯了以下几点错误：

是不是盲目消费了？现在婴幼儿用品越来越“精细”了，宝宝吃奶的奶嘴有宽口径和标准口径的，宝宝喝水有专门的水温计，甚至还有婴儿专用的指甲剪、喂药器、防蹬被夹等。这些婴儿用品细分程度令人咂舌不说，价格也高得吓人。很多家长听店家一吹嘘，不假思索地就购买了。事实上，这些东西很多在婴儿的生活中根本用不到。另外，婴儿的衣服、奶粉也大可不必非名牌不买。衣服只要能保证不刺激婴儿的皮肤就可以了，奶粉只要能够保证孩子的营养健康就行了。盲目消费，必然会增加不必要的经济负担。

是不是热衷攀比了？家长们聚在一起最喜欢谈论孩子，一说到孩子，自然就少不了比较。“你家用的是什么奶粉？”“你家小孩穿的衣服很好看，我也想买一件试试。”“你小孩在哪个幼儿园上学？”在虚荣和攀比的裹挟之下，很多家长不可避免地掉进了经济压力的陷阱之中。

这一点，在孩子教育问题上表现得更为突出。近几年来，随着“早教”观念的兴起，各种各样的早教机构如雨后春笋般出现了，价格也是一路高涨。一堂早教课价格从几十元到几百元不等，高的甚至可以达到上千元。即便价格高得吓人，但是为了不让孩子“输在起跑线上”，家长们还是狠下心来将孩子送去“镀金”。

一位从事幼儿教育的专家告诉我，最好的教育是亲子教育，即父母和孩子共同学习共同成长。现在市面上有很多亲子教育读物，比如《布奇乐乐园》，它们不仅可以帮助你节省育儿开支，摆脱“孩奴”焦虑，还可以增加你和孩子的感情，培养孩子沟通和交流的能力，可谓是一举多得。

是不是准备充分了？俗话说得好，有备无患。要摆脱“孩奴”焦虑，最重要的还是要趁早理财。最佳理财时间是在孩子出生之前，这时候你应该综合生孩子的手术费用、孩子出生后的基本开支、休产假带来的家庭收入缩减等因素，有计划地专门做一些储蓄。

除了储蓄之外，你还可以选择其他的投资方式，比如股票、债券。当然如果你没有投资技巧，力求方便，不妨选择基金定投。

考虑到孩子出生后的教育和健康问题，在孩子出生后最好购买儿童教育和医疗保险。一般来说，0~6岁是孩子最容易生病的阶段，这时候给孩子准备一份医疗保险是非常有必要的。

养育子女，一定要做好准备，不管是生理上的，还是心理上的。如果你在经济、心态等方面都做好了准备，孩子出生了，即使当“孩奴”也没什么。但如果两方面都准备不充分，小孩生下来后肯定会影响到自己的生活状态。

心里头老放不下房贷——房奴焦虑

2007年，电视剧《蜗居》的热播，引发了很多人对“房奴”的关注。这些蜗居在城里的人们自称为“蜗牛”，为了还房贷，他们不敢轻易换工作，不敢娱乐，担心生病、失业。

某些人甚至这样调侃自己的生活：“有了房子什么都有了，连饭都不用吃了，病也不用得了，快乐似神仙。”

买房子，本来是为了让自己的生活更加幸福，但是现在很多人为了追赶“时尚”，不管自己的经济实力允不允许，强行加入背着贷款的房奴一族，不仅影响了自己的日常生活质量，生活的幸福感也明显下降。

小C是我一位朋友的表弟，刚毕业没两年，也加入了“房奴”的大军。去年他买了一套80平的房子，贷款40万，月供3800元。现在每个月的工资5000元，每月还贷后仅余1200元用于日常消费。首付10万以后，他的账户上仅剩8000元，根本不敢有任何透支消费。

小C给我算了一笔经济账：“宽带买了一整年的，电话费买了充值再送的，一共花了1200元。这样网费和电话费一整年都不用再交了。早餐4元，午餐在公司食堂免费吃，晚餐自己买菜做，成本在10元以内。这样算下来每个月伙食费约为500元。

“每天上班坐地铁需8元，一个月的交通费大约为250元。物业费、水电费一个月大概为约130元。水果很少吃，一个月也就15元。衣服已经不买了，以前买的都还能将就着穿，其他的生活用品如牙膏、牙刷、洗发水、卫生纸等一个月花费在100元。这样算下来，一个月的总花费为500+250+130+15+100=995元。5000元月薪，去掉3800元月供，再减去995元日常开销，我每个月就剩205元闲钱应付意外情况。

“最近，好多人请客，我都不敢去。但是碰上关系好的同事、朋友结婚，小孩过生日，又不得不送礼，这样一来，就得透支少得可怜的存款了。

“今年过年，我都不敢回家了。我算了一下，我家在云南农村，回家过年来回路费至少要2000元，走走亲戚人情费要8000元，孝敬长辈要10000元，哥们聚会、吃吃喝喝少说也得5000元，如果再打打牌至少得5000……这样算下来回趟家至少要烧掉30000元，我根本无力支付。现在我的一只脚已经迈进了‘忧郁症’的大门。”

“房奴”专指贷款买房月供超过正常支付能力，按银行指标是超过月收入的50%，而导致生活质量下降，沦为房屋“奴隶”的一类人。他们的年龄大部分在22岁至35岁之间。这个年龄段的人群大部分会把房子作为一种财富的衡量指标或是能力的象征，抑或是社会地位的象征，买房的攀比心态由此产生。由于欠缺足够的经济能力和心理承受力，他们在享受着“有房一族”的心理安慰的同时，也承受着“一天不工作，就没有活路”的精神重压。

大部分背有房贷的人都有焦虑的症状，比如“经常失眠”“心情郁闷”“脾气暴躁”等。而这种焦虑情绪还蔓延到许多准备买房的人身上。我的一位年薪8万的朋友，看着身边的人都贷款买了房，也焦躁不安。为了尽快凑上买房的首付款，三年来他过着每天吃面条、基本无娱乐的生活。

买不起房的人会焦虑，买不到房的人也焦虑，买了房还贷的人照样焦虑。这种情况如果任其发展，时间长了很容易让人们患上抑郁症。

“量力而为是远离房奴焦虑的最好办法。”一位置业专家朋友告诉我，是否考虑买房一定要结合自身经济实力、购房需求，量力而行。在经济实力不强、收入不稳定、生活状态不安定的情况下，最好租房。

“当然如果你实在想要贷款买房，也不要购买超出自己支付能力的房子。因为虽然居住面积大了，却很容易给你带来经济上和心理上的沉重压力，进而抵消了你住大房子应有的幸福感。”这位置业专家朋友说，“最好选择还款额不超过家庭月收入的40%、贷款总额占房产总额50%以下的房产购入，这样的房子虽小，但你心理上会舒适很多。”

“给自己一些积极的心理暗示也是很有效的方法。”我的朋友指出，很多“房奴”为自己付不起房贷而焦虑。事实上，高房价与低收入之间的巨大反差是很多人都会面临的困境，长期的房贷给整个社会都带来了压力，还贷有困难并非因为个人能力的缺陷。作为“房奴”要意识到，靠自己的能力来偿还房贷是一件值得骄傲的事情，千万不要把社会的整体焦虑都扛在自己肩上。

如果，你的心理压力依旧比较大，不如向亲朋好友、心理医师倾诉，他们或许能够帮助你解决一些问题。其实在长期的观察之下，我还发现了一种减压的方法，那就是上网发帖子，跟广大的网友分享自己的买房或者生活的压力，会让自己轻松很多。当然，你也可以选择其他的减压方法，比如运动健身、种植花草等。

相对房子来说，健康才是更重要的。如果因为担心房贷而使自己的身心健康出现问题，就得不偿失，成了真正的“房奴”了。如果你的焦虑严重影响了工作、生活、身心健康，就需要及时就医了。

“孔雀心理”在作祟——攀比焦虑

很多人都喜欢攀比。比赢了，心中暗暗得意，再好不过；比输了，可就不同了，轻则失落不满，重则抑郁伤身。

我认识一个女孩，特别喜欢和别人比较。比如某同事买了一个5000元的名牌包，她马上花8000元买个更好的；某同学带了一条新项链，她立马买一个更高档的；某闺蜜戴了一枚钻戒，她立马缠着老公买一枚更大的；邻居买了一辆豪车，她看着眼红，但是家里的经济实力又跟不上，于是她只能望车兴叹，郁郁寡欢，最后竟然得了抑郁症。

如果你去动物园看过孔雀，你就会发现，孔雀为了向他人展示自己，总喜欢打开自己绚丽的尾羽。尽管惊艳动人，却有炫耀之嫌。这位姑娘的心态就是“孔雀心理”。

“孔雀心理”是现代人非常普遍的一种心理隐患，在本质上是一种膨胀的虚荣心。有这种心理的人会借用外在的、表面的或他人的荣光来弥补自己内在的、实质的不足，以赢得他人和社会的注意与尊重，获得好评。

法国哲学家柏格森曾说：“虚荣心很难说是一种恶行，然而一切恶行都围绕虚荣心而生，都不过是满足虚荣心的手段。”人免不了有些虚荣心，但是过度炫耀，就很容易陷入不停比较、争胜的境地，进而出现心理失衡。

像上面的女孩那样喜爱攀比的人，自尊心总是很强，习惯把目标定得很高，做什么事总喜欢压人一头。但是“天外有天，人外有人”“强中自有强中手”，不管在什么时候，什么地方总是会有人比你在某一个领域更优秀、更出色。所以，凡事心胸要开阔。

我记得孔子曾问弟子子贡："你和颜回哪一个强？"子贡答道："我怎么敢和颜回相比？他能够以一知十，我听到一件事，只能知道两件事。"人贵有自知之明，理智地把目标和要求定在自己的能力范围之内，就能够很好地避免虚荣心的出现。如果一味要求自己与令我们羡慕的人看齐，一味地拿自己的短处和别人的长处相比，不仅会使自己丧失美好的东西，还会陷于尴尬与痛苦之中。

少给自己设置竞争对手。有些人喜欢盲目地进行横向比较，把身边的人当作竞争对手。一般来说，横向比较有助于我们找到自己的不足，促使自己朝着更好的方向发展。但是由于竞争的日益激烈，人们往往会陷入横向比较的误区，忽略了自身的优势。与人相处以和为贵，在心理上不要把别人看成对手。每个人头上都有自己的一片天空，你不一定要和别人活得一样，自己过得轻松，就是最大的福气。

另外，还要多看到自己的长处。很多人一旦谈及自己的短处就会像决堤的洪水一样滔滔不绝，可是你如果问及他们的长处，他们或许半小时也憋不出来一句话。有时候甚至反问你一句："我有优点吗？"过多地仰望他人身上的优点，贬低自身，久而久之容易忽视自身的闪光点。

每个人身上都有独特的闪光点，只要我们倾注力量，就能让它发光发热。所以没必要拿自己去套别人的生活模式和人生轨迹。比如钱钟书，虽然他的数学成绩很差，但是他的文学天赋很高，后来他潜心学习、著述，终于成为一代大师；马云，虽然个子不高，样貌平平，但是他并没有自卑，相反他用自己的睿智和努力缔造了中国最为著名的电商集团——阿里巴巴；海伦·凯勒自幼失明，但是这并不妨碍她成为一名著名的教育家。

总的来说，想避免"孔雀心理"的影响，一要客观评价自己，二要有自信，目标也要实际，三要选择适当的参照标准，不盲目攀比、横向攀比，而要与自己的过去做纵向比较。抱着这种"比上不足，比下有余"的心态来调节自己，你就能保持平和的心态。

正如"梅须逊雪三分白，雪却输梅一段香"一样，世间万物，各有所长，各有所短。如果一味针对自身的短处，一味地仰望着别人的优点，那么我们不仅不会让自己趋于完美，反而会丢失了自我。每个人最大的成长空间在于其最强的优势之上，只有最大限度地发挥这些优势，控制自己的弱点，才能真正获得成功。你还在为自己的不足所苦恼吗？抛开他们，专注于你的优势吧！

第七章

欲望焦虑
——选择越多并不越幸福

股市又热了——炒股焦虑

“买股票了吗？”“有什么股好推荐？”“赚了多少钱？”为了炒股90后纷纷向父母借钱，为了炒股一些股民令老婆成为“股市寡妇”，为了炒股有的公司改变上班时间……2015年的中国，炒股热潮似乎比以往来得更猛烈一些！

根据最新消息，2015年前4个月上海股民人均炒股赚15万，北京股民人均赚8万。在巨大的赚钱效应下，一些股民精神高度紧张，情绪十分亢奋，国际国内出现任何一点风吹草动都胆颤心惊，以至于晚上睡不着觉。不少人还因此患上了焦虑症。

今年开春，我的同事林岚在朋友的带领下进入了股市。最开始她只投资了五千元，不到一周的时间便翻了两翻。初次尝到甜头的她顺势追加投入，一万、两万、三万，越投越多。

不过，当她把所有积蓄都投进股市，原本平静的日子也逐渐被打破了。“以前，我每天除了上班、吃饭、睡觉，根本不用想别的，轻松自在得很。但是现在，情况大不相同了，每天吃饭前的头等大事就是上网观察大盘走势，临睡前也要到各大相关论坛逛逛，听听大家对股市的看法，不然就睡不着。”

她告诉我，自从买入股票后，只要下跌她就焦虑，当别人的股票涨而自己手中的股票跌时她会更焦虑。要不要卖正在上涨的股票也令她焦虑不安，卖了怕再涨，不卖又怕跌。现在别人一谈论“奥迪变奥拓，奥拓变奥妙”，她就生怕自己仅有的一点积蓄也被蒸发掉了。

这种状况就是典型的“股市焦虑症”。有人这样形容患上“股市焦虑症”的股民：“股票下跌焦虑；别人的股票涨自己手中的股票跌，焦虑；账户里的市值跟不上指数涨幅，焦虑；股票涨了要不要卖，焦虑；大盘一见‘绿’，焦虑，一见‘红’，兴奋。”

一位资深金融分析师指出，“股市焦虑症”多出现在行情下跌时期，感染对象以新入市投资者和中年投资者居多。新手容易患上“股市焦虑症”是因为经验少，没经历过什么大风大浪。中年投资者易焦虑是因为比起年轻人和老年人，他们承担的各方面压力更大，经不起失败。当然，那些过度沉迷股市，乃至把“全部家当”都砸进去的人，更容易患上“股市焦虑症”。

炒股焦虑每个股民都会有的，但焦虑过度就影响身心健康了。面对日益严重的“炒股焦虑症”，许多股民都给出了自己的建议。

股民“笑傲江湖”：“股市如战场，拿的是股票，玩的是心跳，炒股前最好评估一下自己的个性是否适宜炒股。一般来说，头脑冷静，独立思考能力强，记忆力强，性格灵活的人适合炒股。而性情浮躁，心理承受力弱，心态不稳定的人，反应过于激烈，没有气魄，最好别玩，小心吓破了胆。”

股民“钦差大臣”：“凡事预则立不预则废。购买股票，不要盲目跟风随大流。买入前最好多做些功课，多些研究。比如，这家公司经营得怎么样？每年收入怎么样？于同行相比有哪些优势？宏观微观经济环境对公司有什么影响？研究得越详细，你对股票的了解就越深，对股票的把握就越大。”

股民“太上老君”：“炒股焦虑可用深度放松来对抗。找一处安静的僻所，闭上眼睛，深呼吸，让全身肌肉放松，平复心情。然后想象自己站在山顶上，慢慢往下走，每走一步心情都放松一点，等到走到山脚下时，整个身体已完完全全放松，保持这种状态几分钟后，慢慢地睁开眼睛。”

股民“东方不败”：“调整操作策略，变‘炒’为‘守’。只关心十来只自己熟悉的股，行情初期，捂股为主；行情震荡或中后期，波段操作为主；一旦步入下降通道，则全身而退，休息为主。”

其实，说到“股市焦虑症”，我的朋友赵铭最有感触。他在股市摸爬滚打十几年，早就练就了一身“不以涨喜，不以跌悲”的本领。

“世上没有只涨不跌的股票，也没有只跌不涨的股票。面对风云突变的股市时，最好保持一颗平常心。‘手中有股，心中无股’是股市操盘手追求的最高境界。每天看股票、查资料的时间也不要超过1小时，因为炒股并不是我们生活的重心。比起炒股，健康、工作、家人朋友等更重要。”

如果你发现自己沉迷股市，焦虑而无法自拔，不妨有意识地转移注意力，比如多和家人朋友在一起，多接触大自然，多培养一些兴趣爱好，都有助于缓解你的紧张焦虑情绪，帮助你克服“股市焦虑症”，恢复正常的生活状态。如果症状过于严重，最好马上寻求专业的心理帮助。

机会太多，不知该选哪个——选择焦虑

2015年，中国IT业领袖在深圳开展了一场主题为《未来——下一个风口在哪儿？》的对话。期间，百度公司董事长兼首席执行官李彦宏说的一段话让我感触颇深，他说："我从2000年回国到现在，这15年来时时都处在风口中，吹得我难受，各种各样的机会，让我焦虑的是什么能够不做，而不是还有哪些可以做。"

事实上，迷失在选择焦虑中的又何止是李彦宏呢。看看我们的周围吧，每天都有人被五花八门的广告、巧舌如簧的营销人员、绚丽多彩的时尚潮流、数不清的理财建议搞得晕头转向。

机会越多，人就越迷茫焦虑。我小叔的儿子去年参加了高考。考试答案出来的当天晚上，小叔很伤心，因为孩子自己估分493分，只有为数不多的几所二本大学可选。哪知高考放榜时，孩子居然考了550分，小叔惊喜之余，也有些眼花缭乱了，因为可选大学突然增至二十多所。"究竟是选市内的师范院校？还是选省外的一本名校？"他打电话向我咨询，生怕不小心选错学校，害了孩子一辈子。两周之后，他和孩子沟通之后选择了省外的一所大学。整件事才尘埃落定，焦虑随之结束。

为什么选择越多，人越焦虑？心理学家道出了其中的奥秘，面对可以选择的事物数量越多，人们会因选择太多而感到为难，因拿不定注意而紧张，因不知道自己的决定是否正确而担心。心理学家认为，产生这一结果的关键原因在于：当人面对太多选择时，会过于关心自己的选择会导致何种后果。

NBA骑士球队老板丹·吉尔伯特在一次演讲中曾提到，我们判断一件物品的价值来源于它与其他物品的比较。当我们能够选择的选项越多时，我们能够选到最好的那项机会越大，但同时选择其中的一项也意味我们需要放弃其他的选项。选项越多时，对自我的责备也就会越多，失望、后悔等也就接踵而至，这是现代社会带来焦虑症增长的一个原因所在。

很多时候，现实往往逼着我们必须去选择。这时也许就会出现“决定后后悔”，发现自己的选择并没有所想象的那么好。而这一不愉快的事实则引起了我们的“反事实思考”，去思考没有选择的那件东西、那种行为、那条路。事实上，我们根本不知道没有选择的东西是好还是坏，但是现实的不理想却会使人主观地认为“得不到的才是最好的”。这种反事实思考的深入反过来又加剧了不愉快的感觉，于是两者互相影响，恶性循环，这也是一部分焦虑症的成因。

若进一步来看，它可成为对做人做事力求完美的强烈欲望。那些过分追求完美的人，理性上明白“没有完美也用不着完美”，但就是不自主地要求完美。这其实并非完美本身在吸引他，而是他内心唯恐“不好”的危险，迫使他必须追求完好，以免“不好”带来焦虑。然而，无论你的选择是多么谨慎、明智、周全，你还是会错过其他那些未能实现的可能性。

对很多人而言，总是想选到最好的，害怕做出错误的选择，那么下决定就变得更加困难，当人们觉得难以抉择时，“明天再说”便成了很多人的解脱，可是明日复明日，哪天又能够做出决定？圣经里说，一个人不能拾起沙滩上所有的贝壳，而只能得到其中一些，正因为只有一些，它们才显得更美。

世上没有完美无缺的选择，每一个选择都有它的优势，也自然会有它的劣势。所谓选择，无非是要真正面对自己内心的需要，认清自己最看重的到底是什么，找到它。如果实在无法抉择，那就咬咬牙，然后奔着一个方向一往无前地走下去。毕竟，认准某一个机会并拼尽全力，远比在每一个机会上都浅尝辄止更容易成功。

从疯抢黄金到爆炒比特币——理财焦虑

2013年4月初，国际黄金价格大幅跳水，一时间，“中国大妈”掀起了一股“抢金狂潮”。没过多久，比特币从1000元飙至超5000元，不少“中国大妈”又加入到炒比特币的行列。

住在我家隔壁的张阿姨，58岁，退休3年了，闲在家里没事干的时候就炒炒股、倒腾倒腾黄金。闲暇之余，她经常到我家来串门，给我谈她的投资心得。

2013年比特币暴涨的时候，她也凑了一把热闹。“有一天，我从侄女的口中得知了‘比特币’。当时一枚比特币大概可以兑换近八百元人民币。虽然不知道比特币到底是个什么东西，但是凭借以往的投资经验我还是感到比特币具有一定的‘投资价值’。”

在侄女的帮助下，她买入了40多枚比特币，价值近4万元人民币。侄女信心满满地告诉她，比特币会一直涨。侄女没有骗她，一周之后，她就获利近1万元。

然而一个月后，比特币价值下跌了49%，完全超出了她的预期。“听到消息后，我一下子懵了。当然，更让我焦虑的是手中的比特币突然没有办法兑现了。”

不过她的焦虑并没有持续太久，几个月后，比特币开始疯涨。最高的时候，一个比特币能兑换5000多元人民币，她的收益一下子就翻了好几番。“你知道吗？这种感觉就像坐过山车，整个人的神经一直处于紧绷状态。”

从疯抢黄金到爆炒比特币，跟风理财的背后，折射出了一种理财焦虑。渴望财富保值增值，担心投资失误、财富缩水都是很正常的心理表现。然而在理财上盲目跟风、过分忧心、贪心，很可能会导致过度焦虑。

在理财上，很多人都存在一个误区：什么赚钱，就投资什么。事实上，理财首先要思考的是自己适合做什么，找到适合自己的理财方式才能有效缓解“理财焦虑”，一位涉足投资领域多年的朋友用自己的亲身经历对我说。

这位朋友最开始跟风投资股票。然而几年过去了，不但没赚到一分钱，还倒贴了不少，可谓是竹篮打水一场空。“蓦然回首，其实我的性格根本就不适合炒股。我这个人比较懒，买了一只股票，便丢在那里，涨了一点不愿动，套住了更不想出。”不久他又去做期货，同样惨遭失败。“炒期货，要时时关注时政，我这个人太懒了。”后来他开始在房地产上花心思，2009年他把旧房子卖了，以70万元的价格，在北京某小区买了一套110平方米的房子，2014年房价上涨，他那套房子一下子升值到300万。“现在想来，我更适合做长线投资。”

每个人的具体情况不同，不是每条投资渠道都适合你。评估自己能够承受多大的风险，再根据自己的年龄、性格、经济实力、家庭状况，选择合适的工具和项目，适合的才是最好的。

很多人可能不知道自己能够承担多大的风险。事实上，粗略的估算是“可承担风险系数=100–目前年龄”。通常情况下，随着年龄的增长，可承受的风险递减。

一般来说，在资本市场低迷，前景不太明朗阶段，最好采用稳健的投资策略。

“以短期理财产品为过渡，等待更合适的投资机会。”现在的银行有不少稳定收益的产品，比如投资债券、央行票据、信托资产、高信用公司债等，它们的期限为1～3个月。你完全可以选择1—2款产品进行配置，也可以按时间进行配置，比如，把资金分作两部分，一部分购买1个月的，一部分购买2个月的，既能保证资金的相对灵活性，又能获得较高的收益。

“合理配置产品，以期获得更高收益。”你可以将用于投资的钱一部分投入本金相对安全收益率比较固定的理财产品，另一部分投入本金安全但是收益与市场表现挂钩的产品，以博取相对较高的收益率。当然，你也可以同时投资于货币、基金，或者是黄金。逢低买入，逢高抛出，也可获取较高的收益率。

理财顾名思义是理性打理钱财，资金安全永远要放在第一位。投资最好选择自己熟悉的产品，不要盲目去投资一些自己不熟悉的领域。如果你抱着“发财”的念头去看待理财，大多数情况下你都会走向失败。

工作还是考研——毕业焦虑

一年一度的毕业季又要到了，面对“工作还是考研”这个艰难抉择，很多大学生都陷入了焦虑之中。

小姑的儿子今年大四，最近也陷入了寝食难安的状态。“现在，摆在我面前的选择有两个：一是去实习单位实习，找一个和专业相关的工作；二是继续考研深造。我学的是冷门专业，工作根本就不好找。虽然现在处于实习期，可是别人要不要我还是个未知数呢。考研吧，似乎现在开始努力有点迟了。再说了，万一考不上，浪费一年半载的光阴不说，还耽误了找工作。我该怎么办？”

先工作还是先考研比较好，没法有标准答案。有的人没有考研直接工作照样活得很好，有些人毕业后继续深造也混得不错，最关键还是要看自己的实际情况。问问自己，你是否真的喜欢继续搞学术、还是直接步入社会？如果不知道自己到底想干什么，那么与其在唉声叹气的生活中迷茫着，不如去考研教室学习一天，体会一下考研的状态，或者申请实习一小段时间试一试，只有经历了，你才会知道什么样的生活是你想要的。

如果你打算报考研究生，最好再次确认下面这几项：考研是否符合你的目标？你个人具有的专长是否符合社会需要，是否需要再次深造？你能将考研和兴趣结合起来吗？你有良好的职场沟通能力吗？

当然了，考研可以进行自我升值，也有风险。上大学那会儿我身边有很多人考研。但是即使有一部分人通过自己的努力考上了研究生，两三年以后他们的就业形势未必就比那些没考研的人好。这是很现实的问题，因为读完研究生出来后，学历起点高了，但社会经验和实践经验与已经就业的同届毕业生比起来，会显得有些单薄。

在很多时候，工作经验比证书更重要。确实如此，从工作角度考虑，两年工作经验要比两年硕士经历更为重要。如果你是因为找不到工作才去考研的，那么最好慎重考虑一下，因为研究生出来后也并不一定能找到好工作。

如果大环境对就业有利，不如先就业，但是工作中不要忘了提升自己。很多人大学毕业后，找到了一份薪水不错的工作，就把自己原来想考研的想法抛到了脑后。但是，现在这个社会，知识更新换代太快了。比如说IT专业的硕士，如今的IT行业发展飞速，IT产品不断推陈出新，即使是硕士也不一定在知识储备量上超得过工作两年的大专毕业生。

人迟早会遇上职场瓶颈的，如果没有提高，就会在竞争中吃亏。我有位同学家境贫寒，大学毕业后直接出来工作了。但是她始终没有放弃学习，四年前报考了武大的在职研究生，一边工作，一边上研究生课程，现在她在一所知名大学任教，让很多人艳羡不已。从这个角度考虑，在职进修研究生课程是个不错的选择。

说了这么多，我最想说的其实是这句话：“不管你是选择就业还是选择考研，都必须要摆正自己的心态，看清自己的位置，为自己的将来负责。”在决定考研还是工作之前，一定要结合行业状况、发展趋势以及就业形势进行综合分析，找到适合自己的发展方向。

我见过很多盲目跟风的考研者，他们大体有两种：一种是把读研究生当作避风港，不愿意去社会上“硬碰硬”检验自己；另一种是完全不懂得自己需要的究竟是什么，对自己认识不够，迷迷糊糊，认为必须拿到硕士学位才行。这两类人都是在自欺欺人，这样的研究生往往读了也是白读。

学习是要拿来用才是活的学问，不然就是死的知识。如果，你觉得研究生并不能让你的实践能力有所增强的话，那么你最好在工作中积累经验。

总之，不管是工作还是考研，最终都是要从小事做起的，一旦决定了就要踏踏实实地去执行，不要徘徊犹豫。

当我们驾车经过十字路口时，如果因为不知走什么路线而一味烦躁，往往会注意力不集中、反应速度减慢，因此非常容易出现交通事故。这时最先要做的，不是决定走哪条路，而是要平和心境。

不仅仅是即将面临毕业的大学生，我们很多人都非常讨厌迷茫与困惑，认为这是一种非常不好的状态。所以一旦有了迷茫与困惑，随之而来的就是烦躁、抱怨、对自己的不满、自我否定等消极情绪。在这样一些消极情绪的影响下，学习效率降低了，生活变得没有乐趣了，人生和心情一样，也开始变得黯淡无光了。

事实上，从另一个角度看，迷茫与困惑说明我们开始思考和规划自己的人生道路，说明我们长大了，成熟了。另外，迷茫与困惑还说明我们面临很多的选择，而非“华山一条路”。因此，当我们面对迷茫与困惑时，不妨敞开胸怀，理解它，接纳它。当然，需要注意的一点是，我们理解并接纳迷茫与困惑，并不表示我们对其听之任之，不去想办法加以解决。事实上，当我们理解并接纳迷茫与困惑时，我们的各种消极情绪就已经开始随之烟消云散，我们可以心平气和地、理智地对待迷茫与困惑，这有利于我们更快速有效地解决问题，走上快车道。

当我们的心态平和下来时，车也能平稳驾驶之后，我们接下来要做的就是分析一下自己的驾驶技术。因为我们必须清楚地知道自己的驾驶技术，以便在选择路线的时候做到“量力而行”。

我们的迷茫与困惑很大程度上来源于对自己的认识不够清楚。比如不知道自己能够做什么，适合做什么，自己喜欢什么样的生活方式，自己真正的追求是什么，自己的人生目标是什么……大学阶段处于人生的青年期，这一时期正是美国心理学家艾里克森所说的需要建立“自我同一性”的时期。

所谓“自我同一性”，是指对自己是谁、是什么的认识以及对自己的评价。艾里克森指出，假如青年不能形成一致的适当的同一性，就会产生自我怀疑、角色混淆和沉迷于自毁活动。在社会迅速变化时期，解决冲突将会比变化较少的时期更为困难。当今这个时代变化非常迅速，谁也不会想到我们碰上了金融危机，谁也想象不出未来的日子里我们还会碰到什么巨大的社会变化，因此，这个时代的青年自然面临更多的内心冲突，渴望建立“自我同一性”的需要也更加强烈。对于高年级的学生来说，即将到达人生的下一个十字路口，认识自我，建立良好的“自我同一性”就显得尤为重要和迫切。那么，怎样做到认识自我呢？

你需要回答下面几个问题以便进行初步的自我探索：“你最喜欢做的三件事情是什么？”“你最擅长的三个方面是什么？”“你最不擅长的三个方面是什么？”“你会选择用哪三个形容词来描述‘你的性格’以及‘在生命中你最重视的是什么’？”这几个问题涉及到认识自我的性格、兴趣、能力、价值观等多个方面。如果条件许可，可以到专业的心理咨询机构进行一些有关自我的心理测试，如“气质量表”“霍兰德职业测评量表”“卡特尔16PF”等都是一些非常不错的心理测试量表。通过心理测试，可以帮助我们更加准确地认识自己。

有的同学在考研的时候不知道应该选择什么样的专业，其实了解自己的兴趣和特长等有利于你选择一个适合自己的专业。如果你毕业之后准备从事与专业相关的工作，那么就建议你：千万不要仅仅因为这个专业热门或者这个专业好考就选择它。因为如果你不喜欢它、不擅长它，在读研期间以及今后的工作中你将会感到很痛苦。想想王熙凤在办公室做文字录入员的情形，你就应该明白其中的道理。对于找工作的同学来说，情况亦是如此。

要不要买，买哪个——购物焦虑

M小姐平时喜欢去商场购物。不过，面对琳琅满目的商品，她也经常犯愁，“不同的样式，不同的花色，穿在身上不同的韵味，该选择哪一件呢？”纠结的最终结果往往是无功而返。

R小姐习惯在淘宝上购物，每天浏览淘宝网页的时间都超过4个小时。“该买哪个不买哪个”也是她经常会遇到的困惑。不过和M小姐不同，她总是满载而归。但时间长了，大量购物也使她变得捉襟见肘，焦虑不已：“我真想剁自己的手了，买了这么多没用的东西！”

M小姐和R小姐都患上了“购物焦虑症”。所谓“购物焦虑症”是指消费者在购物的过程中，面对多重选择时，因拿不定主意而焦虑、犹豫不决，即使做出选择，也患得患失的心理状态。

心理研究发现，有“购物焦虑症”的人，多半是完美主义者，缺乏安全感。所以，为了不让自己做出错误的决定，他们往往会花大量的时间来审视自己的行为，结果往往就出现了两种极端情形：要么什么都不买，要么全部都买下。当然还有一些人在纠结的过程中购买了部分产品，但是他们也为此花费了大量的时间和精力。

曾经有一段时间，我也陷入了购物焦虑之中。有一次，为了买一双鞋，我在网上纠结了一个月，结果店家没货了，我只得扫兴而归。这件事之后，我吸取了教训，见到好看的鞋，马上收藏，下单。从此之后，好鞋倒是没错过了，可是由于盲目购买，钱包越来越瘪。

为了治疗自己的“购物焦虑症”，我上网查找了很多资料，也询问了很多朋友，得到很多有益的建议。

1.“少才是多”，为购物做减法，让购物过程变得简单化、愉悦化。这是一位在购物上十分有主见的朋友告诉我的。

“在购物中，我们往往认为可供选择的品种越多，就越能买到自己满意的商品。但心理学家研究发现，一旦选择超过7种，我们就很难分辨出属性和品质有何不同。所以，为了降低选择的困难性，最好把选择品种控制在7种以内，并且给自己一个时间期限。”

不论是买衣服还是买鞋子，她在同一时期内选择的品牌数目绝对不超过三个。“我知道什么样的风格适合我，店员也明白我的喜好，她还能帮着挑选。”为了避免无功而返，她会给自己划定时间，比如看中的东西超过两周，要么下单要么清除。上周她买了三件T恤衫，她说：“这三件衣服我很早就在网上看到了，但是实体店里还没出售，网店尺码我拿不准。上周去逛商场的时候，居然发现有售，价钱还比较公道，看准尺码后我立刻就购买了。”

面面俱到不如重点突破，找准自己喜欢的品牌，划定时间期限，当机立断。焦虑自然会一扫而空。

2.“对比优劣，用排除法帮助自己选择”。很多时候，你觉得这个很好，那个也不错，但是两个中间必须选一个的时候，你就犯难了。当你感到比较困难而不知如何抉择的时候，不妨给自己列一个对比表，一边列出做这个选择的5项优点，在另一边列出做这个选择的5项缺点，两者一比较，你就能更加清晰地分析自己选择的结果，从而帮助自己下决定。当然有时候，你也可以征求家人朋友的建议，让他们帮你分析利弊。

3.“相信自己的选择，不要过分追求完美”。“购物焦虑症”的症结在于过分追求完美。一个人如果过于追求完美，对自己要求过高，就会感到手足无措，就容易出现选择困难。然而，在这个世界上，完全正确的选择并不存在，我们只能保证自己的选择在当时看来是正确的。

如果你有“购物焦虑症”，一旦做出选择要肯定自己的选择，告诉自己不要后悔，坚信自己的选择就是最好的。这是一种正面的心理暗示，它会帮助你逐渐走出选择障碍的阴影。

倘若你的选择障碍，无法通过上面的方法进行调节，那么显然你的情况已经比较严重了，这个时候你要尽早寻找专业人士的辅导和帮助。

总是期待下一个会更好——跳槽焦虑

在职场中总是有一群“跳蚤”，他们工作心不在焉，焦虑重重，总是想着跳槽，想着离开公司的“围城”。有些“跳蚤”如愿地跳出了“围城”，不久却发现自己又跳进了另一个“围城”，职业生涯越跳越乱，越跳越糟。

好友周洋大学毕业后，在一家广告公司工作。一年以后，由于薪水没有提升，也看不到任何晋升的希望，他想到了跳槽。于是还在任职期间，他开始悄悄地投递简历，一旦有不错的面试机会，就想尽办法请假去面试。一个月后，他顺利进入了一家网游公司，担任网页设计师。然而，入职不久，他便发现公司当初承诺给他的薪酬福利有所缩水。不仅如此，他的工作还大受限制，总是有人对他的设计指指点点。工作了两个月后，他总觉得这次的跳槽没实质性的意义，于是，又开始投简历。

像周洋一样频繁跳槽的职场人士还有很多。他们跳槽的原因五花八门，但归纳起来无非是以下几种：

追求快速回报。这些人在工作了一段时间之后，认为自己有了一定的能力，但是公司所提供的职位、薪水并没有达到自己的预期目标。由于不想在一个职位上苦苦熬下去，于是，他们开始寻找更好的下家。

技多不压身。一些人认为跳槽多、经历的岗位多、行业多，在越多的公司工作过，经验就越丰富，就越有实力。所以，他们总是想着充实自己的经历，每到一个地方工作不久就想跳槽。

为梦想而奋斗。这部分人以年轻人居多，他们野心勃勃，幻想着未来的风光生活。工作一旦与他们的梦想出现偏差，就毫不犹豫地选择辞职跳槽。

虽然，对某些人来说，跳槽可以帮助他们获得更好的发展甚至是实现自我价值，但是对于盲目跳槽、被迫适应新工作的职场人来说，过于频繁地更换单位或者工作，会不利于专业经验和技能的积累。

一位著名上市公司的人力资源主管曾说过这样一段话："毕业后第一个5年中出现的跳槽经历根本不能为自己加分，即使被录用也只能当新手培训。而毕业后工作满8~9年后再选择，一般经历6个月的考察期就可以升为主管。"他指出，毕业后5年内，跳槽等于自贬身价。因为一个人工作能力的形成，往往需要一个相对长的时间，如果经常跳槽，往往会沦为万金油，即什么都会一点，但什么都不精通、不专业，很难有大的发展空间。

经常跳槽也会出现信用危机，因为招聘单位往往会担心你到他们公司后也干不长。网上，有一位学会计的大学生毕业一年多，换了8家公司。在家待业半年后，他决定重新找工作。然而，跳槽过多的经历却让他屡次遭遇挫折，很多次递上简历后，对方都向他提出了跳槽为何如此频繁的疑问，还有一些公司以跳槽太频繁为由，直接将他拒之门外。

跳槽一定要慎重。如果你想跳槽，最好考虑自己的性格、兴趣、特长与现在的工作是否匹配。如果匹配，但你仍然对现在的工作不满意，那有可能是以下几种原因：

与上司的关系不是太好。这个时候就要考虑与上司的关系是否有可能改善，如果很难改善，先要看看其他部门是否有适合你的岗位，再考虑是否跳槽。

如果是公司的内部环境不好，你要考虑这种情况是暂时的，还是长期的？如果将是长期的，就要认真考虑是否该跳槽了。

如果是整个行业的大环境不好，关键还是要看你在这个行业有没有发展前途？你的工作岗位是不是这个行业的核心岗位，你的岗位是不是能充分发挥你的性格优势和特长，如果这两者都是，表明你在这个行业有发展前途，就不一定要转行业。如果你的岗位不是核心岗位，可以考虑转行。

如果是觉得待遇低，就要考虑长远目标与短期利益的平衡、学习与发展的平衡，当然把握好这个平衡的前提是对自己的职业有一个明确的规划，学东西的阶段，收入只能排在第二位，发展的阶段，待遇不理想也要考虑往后待遇是否会提高。

当然了，如果你发现自己所从事的行业并不是自己喜欢的，跳得越早越好。因为随着时间的推移，你的行业和职业对你的限制会越来越大。

一旦你找准了自己的职业规划，认准一个为之长期奋斗的目标，就要沉下心不断地努力工作。过于频繁地跳槽，好比在挖地，地刚犁出来，还没有播种，你就放弃了，你永远也等不到丰收的时候。

留在大城市打拼，还是回乡发展——漂泊焦虑

有个朋友是北京一家时尚杂志的主编，在北京漂泊了十年，生活小资。然而，上个月她突然离开了……听到这个消息，我很吃惊，因为认识多年以来，我一直以为她已经把根扎在北京了。

我问她为什么要离开，她说，北京的房价太高了，即使年收入二十万，也要熬上至少十年的光阴才能买套一居室。房租也高得吓人，一套两居室就得五六千元一个月。孩子上幼儿园的学费也很昂贵，一个月要四千元。她和她老公又都没有北京户口，将来买房、购车、孩子升学都很麻烦。

“在北京生活了十年，却依旧没有立足之地，真的很苦恼、很焦虑。而且现在父母都在乡下，年纪大了生病也没人照顾，挺过意不去的。我们想回去尽点孝心，过上安稳的日子。”

“留在大城市打拼，还是回到小城市发展？”这是很多挣扎在一线城市的漂流客经常会面临的困惑，也是很多刚刚毕业的年轻人将要面临的选择。

有人说，“宁做小城市的金币，不做大城市的尘埃。”也有人说，“宁在大城市挤地铁，也不愿在小城市等死。”事实上，大城市有大城市的好，小城市有小城市的亮点。大城市生活丰富多彩，工作机会多，晋升空间大，信息更新快，视野更开阔，当然生活成本、工作压力也比较大；小城市生活相对安逸，成本相对低，但工作机会少，人际关系复杂。

当然这些优缺点并非绝对，它往往会随着一个人自身的特点而转化。比如对于个性开朗、喜欢冒险的人而言，大城市拥挤的交通、高房价也不会阻挠他。而对性格温和安静、喜欢安逸的人来说，小城市的平淡生活就显得很诱惑。说了这么多，到底该去大城市还是去小城市呢？

“不同的城市代表着不同的梦想，你应该根据自己的兴趣和梦想寻找适合你的城市。”有个经常到美国出差的朋友告诉我，美国给他的最深刻的印象就是，

城市与城市之间在现代化程度、市容的整洁度、人民的精神面貌、物质水平等方面并没有太大的差异。只不过，每个城市都有它自身的优势。比如，华盛顿是喜欢政治的新手们云集的地方，纽约的华尔街是金融才俊的天堂，波士顿是创业家的心仪之地，圣何塞是信息技术的聚集地。

当然梦想和兴趣有时候也要和现实接轨。老家亲戚的小孩，从大学毕业后，怀着对帝都的向往，径直扑到北京“漂泊”。然而，不久激情便消磨殆尽。一年后，他离开了北京，回到了家乡的一家银行做业务员，最开始工资只有1200元，但是三年后，他成为了所在银行的大堂经理，月收入达到了8000元，他说：“机会不仅存在于大城市，只要能发挥所长，哪里都能去。”

如果你刚刚毕业不久，正在为去大城市还是小城市而焦虑不已，最好先给自己一个合理的定位。比如，你的能力怎么样，有没有社会实践经验。如果你的学习能力很强，对自己有充分的信心，那么你可以选择留在大城市打拼。如果你的能力不够强，又没有相应的社会实践经验，在大城市可能会缺乏竞争力，这时候不妨先到小城市工作，积累经验。

很多时候你所学的专业也会限制你的发展方向。现在很多学校所教授的专业课程应用范围不一样，有的专业在小城市就可以找到很好的工作，而有的专业只能在大城市才能施展拳脚。如果你学的是高尖端技术，在大城市才有好的发展空间；而如果是外贸专业的学生，到沿海或者是边境小城去发展，也许空间会更大，发展前景也会非常好。

不同性格的人其实适合呆在不同的地方。这一点我们在前面已经说过。性格开朗，天生就有闯劲的人比较适合到大城市工作。而温和内向、做事慢吞吞、喜欢悠闲生活的人更适合到中小城市发展。

如果你是因为迷恋大城市的名，而忘了自己究竟有什么竞争优势，自己要成为什么样的人，而留在北京、上海这样的地方谋生度日，那不如想想，在别的地方——包括自己的老家，是否有更加适合自己的土壤？毕竟，只有找到最适合自己的，才能生活得更幸福。

到底谁才是对的那个人——剩男剩女的焦虑

“喜欢的人不出现，出现的人不喜欢……想过要将就一点，却发现将就更难……我想我会一直孤单，这样孤单一辈子。”一首《一辈子的孤单》唱出了很多“剩男剩女”的心声。为了寻找那个对的人，他们焦虑重重，一次又一次地迷失自己。

有一次出差的时候，我在火车上认识了一位男士，30岁，身材高大，英俊潇洒，在一家外贸公司上班，年收入40万，有房有车，是典型的高富帅，然而至今没有女朋友，家里也很着急。

“不可能吧？”我感觉有些不可思议。

他苦笑着说：“年轻的时候，过于专注工作了。后来工作稳定了才开始相亲，但是相了很多次都没遇上合适的人。”

“一位都看不上吗？”

“情况很复杂啦。第一位相亲对象，是一名教师，25岁，长相甜美可爱，皮肤也很白，但是身高只有一米六，太矮了。第二位相亲对象是某大医院的医生，身材、长相、兴趣爱好等各方面都符合我的要求。但是她经常值夜班，而我不希望我的女朋友晚上在外边。第三位相亲对象是位公务员，各方面条件都没得挑，是我的理想型。不过在几次约会之后，我发现她有点公主脾气，喜欢生气，这让我很讨厌。后来又相亲了好几次，但是都不理想。你说我怎么就碰不到那个对的人呢？”

“你有没有想过是你的要求太高了呢？”我悄悄试探了一句，他没有再说话。

我见过很多“剩男剩女”，他们当中除了一小部分人是因为工作忙、没时间恋爱或者是奉行独身主义思想不想谈恋爱、结婚之外，大部分人“单着”的一个重要原因就是过于挑剔。

这些人往往是完美主义者，抱着一颗“宁缺毋滥”的择偶心理，认为自己虽然到了“大龄”的阶段，但是也只是年龄大了些而已，在外貌、气质、才华、职业、经济条件和社会地位等方面丝毫不比别人差，甚至有时候明显优越于他人。正是因为自认为优秀，所以他们的内心渴望寻找一个与自己各方面相匹配的伴侣，一旦对方达不到这个标准，他们就会心生失望，果断放弃。就这样挑来挑去，最后自然就剩下了。

眼看着曾经的闺蜜穿上美丽的婚纱，一脸幸福地忙着相夫教子；以前对酒当歌的哥们儿下班就着急回家抱孩子；再加上“男大当婚，女大当嫁”的社会舆论和父母的催促，很多“剩男剩女”都出现了焦虑烦躁、情绪低落的情况，更有甚者失眠、抑郁。

我有一位朋友曾经也很挑剔，到了35岁依旧单身，但是2年后她结婚了。我问她为何转变如此之大，她说，她看明白了一些问题。

“每一个人身上都有缺陷，世界上没有绝对完美的爱情。如果你满脑子都是白马王子和白雪公主的幻想，只按照自己心目中的理想模式去衡量爱情，对爱情抱着不切实际的期望值，那么你在现实生活中将无法找到归宿。”

很多时候，我们总是对另一半提出很多具体的要求，比如身高多少，比如外形怎么样，比如性格要开朗幽默，比如账户存款多少，其实，这些条件和爱情无关。就好像有些女孩口口声声要找个一米八的小伙，结果嫁个老公一米六五；有些男孩信誓旦旦地说自己不找北方老婆，结果娶了个东北大妞。感情这事真的不能拿外在的条件来评判。

人要学会认清现实自我与理想自我的差距，进而调整自己的择偶标准。比如，如果你是一位未婚女性，但是年龄已经超过35岁了，却仍然抱着非未婚男性不嫁的态度，未免不大现实。再比如，你要求对方有房有车，年薪50万元，还要天天照顾你，相信你几乎不太可能找到另一半。年龄越大，你选择的余地越小。所以没有必要用挑剔的眼光看待别人，不妨改变思维，对别人的个别小毛病、小陋习大度一点。

面对一个新的约会对象，只要你对这个人不反感，那么，耐心点，多给对方一个机会，先接触一下，吃个饭、看个电影、逛个街，然后再来全面考虑这个人是不是你想找的。当你顺其自然、放松心态的时候，爱情自然会如愿以偿地到来。

演员宋丹丹经历了三次婚姻。第三次的时候，我记得她说了一句话："原本只想要一个拥抱，不小心多了一个吻，然后你发现需要一张床，一套房，一个证……离婚的时候才想起：你原本只想要一个拥抱。"想要的太多，挑剔的太多，终究会错过一些珍贵的东西。

第八章

年关焦虑
——别跟自己较劲

总结焦虑——回顾一年很迷茫

年底了，丰厚的年终奖正散发着诱人的香味，但是要想拿到年终奖，少不了一份漂亮的年终总结。然而很多人辛苦一年，等到写年终总结的时候才发现自己乏善可陈，不得不陷入了焦虑苦恼之中。

侄女美娜最近向我吐苦水："年底了，公司又要让我们上交年度个人总结、部门总结、明年的工作计划，还说至少要五千字。现在工作这么忙，哪有时间写呀。但是领导还一个劲儿地催着要，说不交就没有年底奖励。其实，我真没什么可写的。真让人焦虑啊！"

我也曾为年终总结焦虑过。刚上班那会儿，一提到"年终总结"，我就不想上班，不想见家人和同事，甚至一度想住院。因为我总怕自己的年终总结写得不好，挨上司的批评，在同事们面前没了面子。所以只要一想到自己过两天就要上交年终总结了，我连觉都睡不着。第二天早上起来，腰酸背疼、头昏脑胀。

这种状态是年底大多数白领的真实写照。为了搞定年终总结，有些人将自己过去的年终总结改头换面，重新上架；还有的人直接套用网上的模板，简单拼凑；有些人不愿动笔，干脆花钱找人代写，这带火了网店的代写生意。不过，代写也有风险，因为总结辞藻如果过分华丽，很可能会弄巧成拙，失去工作态度分和诚实分。

事实上，让很多人焦虑的可能并不是写年终总结本身，而是回顾一年成绩时的迷茫。我经常听很多人在写年终总结的时候抱怨自己一年来没有成就感：“感觉太多的事情还没做”“预期的生活目标还没达到”“一事无成，内心很恐慌，整天焦虑”。

写总结就像一个人在照镜子。从镜子里我们可以把自己的成败、得失看得清清楚楚，无从逃避，从而产生不同程度的焦虑。但是总结的过程也是一个不断提高工作水平、完善自我的过程。通过总结，我们能够回顾过去、展望未来，从中找到职业生涯新的兴奋点。正是因为这样，总结就更有必要亲自写了。

很多人可能要说，临近年关，每天手头的工作都干不完，还经常加班，即使想写，也没时间呀。这个问题其实很好解决。

磨刀不误砍柴工。为了使自己在年关的时候，不至于因为一份年终总结而忙得焦头烂额，平时不妨多花点时间。比如每天下班之后在笔记本上写个小总结，问问自己今天都干了什么，收效怎么样，还有哪些不足之处。字数不必多，十几个字都可以，关键是要清晰醒目。

除了每天的总结之外，每周、每月、每季度也可以做一些较为详细的总结，比如，关于工作做得怎么样，不足在哪里，怎样改进，下一步有什么目标和打算，预计怎样完成计划等。平时工作中可以经常找领导、同事聊一聊，请他们给自己一些建议和传授一点经验，把它们也记录在笔记本里。时间久了，你会发现笔记本已经被写得满满的了。到年终总结的时候，你就再也不用担心自己写不出什么东西了。

至于如何写工作总结，我认为客观记录成绩和不足很重要。大部分人在写总结的过程中，喜欢描述自己的成绩，而对于自己的错误、失误、不愉快，往往会一笔带过或者是闭口不谈。虽然这样做会使自己的年终总结看起来更加出色，但是你是否想过，如果你不主动提及失误，当领导发现你的失误时，你又该如何应对呢？

一位在上市公司担任部门经理的朋友对我说：“出现失误时，我会让领导意识到失误并不是一个原因造成的。比如，有的失误是因为部门间的配合不利、领导监督控制不利等原因，但是最重要的还是总结该如何避免这种失误再次发生。”

说到年终总结，有些人可能会认为“总结就要面面俱到”。比如，不仅是要总结自己，还要总结部门情况，尽可能全面地反映出公司一年的工作情况。但是事无巨细并不是件好事，因为领导很可能会产生“事情做了不少，但都印象不深”的感觉，点到为止很重要。

我的经理朋友根据自己多年的经验指出，总结不能仅限于工作，还要对生活做评估。他说：“好的年终总结，不仅包括工作计划，还包括与同事之间的相处过程，个人生活方面的事情，等等，可能看起来更像是个人来年的人生规划，但是还是挺有意义的。”总结生活时，不妨写写自己这一年读了哪些好书、新交了哪些朋友、有没有出去旅游等，它们会让你的年终总结增色不少的。

很多上班族在年终总结的时候，往往会陷入无成就感、无目标等心理活动中，引发焦虑情绪。这时候要学会肯定自我，不要攀比，多寻找自己这一年工作中的亮点，给自己一个客观的评价。

花费焦虑——打肿脸充胖子的苦楚只有自己受

眼下的春节，攀比之风日渐盛行。亲戚、朋友、同学相聚，少不了各种比较：比红包、比礼物、比车子、比穿着、比娱乐……无休止的攀比，盲目消费，使得很多人在过完年后又要勒紧裤腰带过日子。

眼瞅着又快过年了，朋友圈里各种焦虑。S君："真不想回家过年了，劳民伤财啊！一回家大伙儿就各种比较，比谁的红包多，比谁的礼物贵，比谁开的车好。我也想高大上一回，但是兜里没钱啊！好郁闷！"F君："现在给小孩的压岁钱都在一百元以上，我好歹在北京漂了四五年了，肯定不能比别人差。算了算，一大家子的小孩有二十来个，每人给二百元，就得花去四千多元。这还不算亲戚长辈的礼品。今年不用说，这项开支又得涨。伤不起啊！"W君："好友又去马尔代夫过春节了，我也想去，可是一个来回好几万人民币就没影了。哎，还是去吧，就算明年只能勒紧裤腰带过活。"……

比红包是春节多年来的"保留项目"。我记得小时候，我收到的第一份红包只有10元，但是随着生活水平的大幅提高，红包的含金量也大幅攀升，50元、100元、200元，甚至更多。以前我还在上学的时候最喜欢收红包了，还喜欢和伙伴们比较谁得到的红包多。不仅小孩子喜欢比较，老人们也爱比，哪个闺女给得多，哪个儿子给得少……

除了比红包，比车子、比穿着也很常见。每次的同学聚会就是另一重要的攀比场合。有个网友深有体会，他写道：“如果有人穿着一身的名牌，你那从淘宝上高价抢购的折扣大衣就直接被秒杀了；如果有人开来价值过百万的宝马，你会顿时觉得自己二十万的新车黯然失色；如果某位同学刚买了一套别墅，你顿时会觉得自己两室一厅的房子太狭小了。”

在这种氛围之下，很多人哪怕生活拮据，哪怕面临高额的房贷，也要用钱给自己砸回一个面子。但是，俗话说得好：“人比人得死，货比货得扔。”在攀比的世界里，永远没有赢家。

喜欢攀比，说白了，还是我们的内心不够强大。我曾经看过这么一个故事：一次，著名诗人萨迪为自己没有钱买鞋而赤脚进教堂感到很沮丧。但是当他进入教堂时却发现一位没有脚的人，那一刻，他开始意识到自己的幸运，并不再以穷困得没有鞋子为苦……

这则故事的本意是告诫我们自足常乐，但是我也发现了一个问题，即，所谓的幸福都永远建立在别人痛苦的基础上吗？很显然这正是攀比的逻辑。大部分人似乎总是习惯于通过攀比来寻找生活的意义和人生的价值。一旦没有了攀比，他们甚至丧失了认知生活和感知生活的能力。或许，这正是造成春节流行“攀比症”的人性根源。

如果你内心真的足够强大的话，你就不会试图从别人的目光中寻求生活的意义，就不会过于虚荣。

内心强大的人在过年花销这个问题上是不会纠结于“好不好意思的”。我有个朋友每年过年回家都高高兴兴的，我问她是怎么应付各种花销的。她笑着说：“以情动人，不攀比。”

在买东西方面，她从不随大流。“我买东西，不会等到节日到了，才去礼品店拿高档货，我一般会提前留意。比如，商场经常搞优惠活动，遇上一些品牌打折，尤其是包包、化妆品、保健品等，一年内一般不会过时，打折时我赶紧购买，等到逢年过节的时候送出，品质一样有保证。另外，当我有机会出差时，我也会在当地选择一些物美价廉而家乡又不多见的东西带回来送给家人朋友。这些东西虽然不贵重，但是总是能给别人留下很深的印象。”

说到送红包，我这位朋友也深有体会：“中国人过年，主要是图个喜庆吉利，至于给多少，那是你自己的事。没有必要攀比，更没必要打肿脸充胖子。尤其是父母，他们并不需要多么贵重的礼物，哪怕你是空着手回家，他们一样高兴得合不拢嘴。”

很多时候，我们太在意周围人的目光了，生怕别人看出了自己的不堪和落魄，于是打肿脸充胖子。其实，别人根本不在乎你给了多少、送了什么，只要心意到，谁也不会在乎你送的是金山还是银山。说到底，中国人过年看重的还是亲情，一家人团团圆圆、开开心心地聚在一起，热热闹闹共度佳节，这种幸福的体验比钱更实在。

送礼焦虑——绞尽脑汁很纠结

过年本是一件值得高兴的事，但是一想到送礼这事，网友“摆渡人”马上就陷入了焦虑之中：“父母要送、亲戚要送、朋友要送、领导同事也要送，小孩子更要送……送什么好？怎么送？万一送不好白花钱不说，还可能得罪人。”因为过年送礼他已经忙活两个多月了，但是依然还有好多礼物没准备好，眼看着，春节马上就要到了，他整天睡不着觉。

很显然，这位网友患上了“送礼焦虑症”。“送礼焦虑症”，是指人们在临近节日期间为送礼事务焦虑担心的一种现象。在送礼这个问题上，每个人都想投其所好，既要送出情谊，还要表达自己的想法和意愿，又要拿得出手。由于掺杂着种种欲求，送礼也容易让人患得患失：“送谁不送谁，送多少，礼重了怕不敢收，礼轻了又怕表达不到位。”想多了，心里自然有负担，焦虑也就在所难免了。

为了减少送礼时的焦虑情绪，在送礼之前最好先做好分析调查。

送礼的目的是什么？送礼无外乎两种目的：联络感情或者是有求于人。如果你是出于前一种目的，大可不必太紧张，过年时给对方拜个年，请他吃顿饭，或者邀对方一起去唱唱歌，都能达到很好的联络感情的效果。如果是有求于人，那你就得在礼物上花点心思了。

送礼的对象是谁？不同的人有不同的喜好，在礼物的选择上也应该有所区别。有的人身体不好，不喜烟酒，那就不能送烟送酒；有的人年轻时尚，热衷美容，可以送她一套高档化妆品；有的人对流行音乐有兴趣，不妨送他两张音乐会的门票；给领导送礼切忌太贵重，因为与礼物相比，他们更看重你的工作表现；同事之间可选择实用的礼物，比如盆栽、点心等；给父母长辈送礼，首选保健类产品。

什么时候送礼时机最好？逢年过节当然是送礼的好时机，不过节日并不是送礼的唯一时机。聪明的人会抓住一切可以送礼的机会，比如对方过生日、乔迁新居、子女升学等都是很好的“送礼时机”。

过年时，我们经常看到的礼物无非就是烟酒、保健品，大家送来送去，时间久了也没什么新意。如何让自己的礼物更富有创意，更吸引人眼球，更得人心，想必是不少人最为关心的问题。

下面来听听一些网友的创意吧。

“消费卡是个不错的选择，现在很多消费卡都可以在众多超市、百货公司、餐馆使用。实用又大方，也能满足个人喜好。”

“有些人都不在家过年了，送张大牌明星的演唱会门票或者是热门景区的门票都很有面子。”

“可以为朋友做份个性杂志。今年过年我就送了朋友一本杂志，自己做的，花了3天时间，每天都折腾到半夜，效果跟真的一样。”

“曾经自己做过一本年历，买的压纹卡纸，各种颜色的，裁成A6的大小，左边贴这个月过生日的朋友的照片，右边是自己写的日期……最后因为压纹卡纸的边边容易起毛，剪刀剪会翘起来，索性用那种修指甲的指甲锉把边都打毛，特有效果。”

事实上，想要寻找一份充满创意的礼物并不难。现在很多网站上都开辟有专门的礼品推荐页面，帮助用户给恋人、家人、朋友、同事制造生日、节日、纪念日惊喜。

以“礼物说”为例，它提供高品质的礼物攻略，设有创意礼品店铺，动动小指头，输入“老爸、男朋友、温暖老妈、闺蜜”等，它就会为你提供丰富的送礼方案，帮助你轻松找到与众不同的创意礼物。除了推荐礼物攻略，“礼物说”还推出“扫码留声”“礼物商店”等特色功能。用户既可以扫描条形码给任意物品存入录音，让礼物开口说话；也可以在“礼物商店”中挑选留声主题礼盒，将专属的语音祝福随礼盒送给对方。

中国有句古话说得好：“礼轻情意重。”送礼重在表达心意、联络感情，所以不要把它当成负担，更不能攀比跟风。量力而为，回归送礼的本意，比礼物更重要的是送出的那份真心。当你真心送出一份礼物时，哪怕只是一条短信，一个电话也会让人莞尔，让人感动。

应酬焦虑——陪吃陪喝很疲惫

有人曾在网上晒出了一份“春节7天日程表”：除夕夜，吃年夜饭，拍照，玩手机，抢红包；大年初一，陪女友逛灯会；初二，小学和初中同学聚会；初三，高中同学聚会；初四，朋友聚会；初五，和女朋友约会；初六，兄弟聚会。这还不算忙，有些人为了面子每晚赶两三个场子，这桌刚喝了几杯，就要赶紧跑去下个饭局，根本没有时间回家。

“常回家看看，回家看看，哪怕给妈妈刷刷筷子洗洗碗，老人不图儿女为家做多大贡献，一辈子不容易就图个团团圆圆……”一首歌唱出了不少父母渴望团圆的心。然而好不容易盼回了子女，他们又整天忙于各种应酬，根本见不着几次面。

一到年关，走亲访友、拜访领导等活动纷至沓来，陪吃陪喝，不仅会透支自己的身体，还需要一笔大开支，尤其是对一些收入不高的工薪阶层来说，这样的应酬无异于大放血。所以，时间久了很多人会感到疲惫、紧张和焦虑。不过，碍于面子的关系，很多人还是硬着头皮继续坚持着。

同学、好友长时间不见面，过年回家聚一聚，喝喝酒、聊聊天，本无可厚非。但是为了应酬忽视家人就不明智了，毕竟父母才是最期待我们回来的人，才是365天每天都想着我们，念着我们的人。

记得在微信上看过一篇文章，作者说在回家的火车上，就收到各路好友发来的微信，皆是询问何时到家，快来一聚。他很是得意自己的好人缘，回应不见不散。进了家门，来不及和爸妈聊聊近况，就风风火火地出门了。

老友见面自然是十分热情，饭局是必须的，KTV也是保留节目。从幼时的发小，到初中同学、高中同学，假期的每一天，被不同阶段的同学、朋友拉去参加不同范围的聚会，朋友圈里晒着大盘小杯的珍馐美酒和大头小脸的各种自拍。

在各种畅饮小酌中，假期到了最后一天。这次又是凌晨到家，母亲还是像往常一样坐在沙发上等他睡着了，电视被调至静音，画面不断变换着。“妈，给你说了不用等我。”“反正也睡不着，你早点去睡，别玩手机了。”

作者说自己的胸口忽然很堵，回到房间心情也糟透了，躺在床上翻来覆去地睡不着。假期的最后一天，他哪里也没去，决定在家里好好陪陪爸妈。临走的时候，他用手机拍了一张全家福。这张全家福第一次代替了朋友圈里那些美食和朋友。看着照片里爸妈的笑容，他第一次觉得，“我为他们做得太少太少了”。

网上有道“算术题”：假如父母再活30年，假如自己平均每年回家1次，每次5天，减去聚会应酬和睡觉等的时间，30年真正能陪在父母身边的大约只有720小时，也就是1个月。电影《飞越老人院》中的院长说得更为形象：“您算没算过这么一笔账，我们的父母现在都有70岁左右了吧，我们假定他们还能活20年，以我来说，我每年只有春节那几天能回家过，其实也就是5、6天，但是每天真正跟父母在一起的时间，也就是2、3个小时，5、6天是十几个小时，20年是200多个小时，想想就觉得可怕。”

随着年龄的增长，我们陪伴父母的时间越来越少了。如果把这点时间再拿去应付无聊的聚会实在是得不偿失。

如果你感觉自己的时间都被应酬给填满了，连陪爸妈吃顿饭都成了一件奢侈的事情，那么就不妨好好评估一下自己的日程表，看看哪些饭局必须去，哪些可以不去。对于不重要的聚会，一定要学会拒绝，真正的朋友不会因为你少参加一次聚会而冷落你。总之，过年了，少点应酬，多陪陪父母，才是对牵挂自己的父母最大的尊重和关爱。

值班焦虑——打破计划很无奈

临近年关，工作的事终于可以放一放了。我登了一下好久没上的微博，发现里面尽是一些有关新年的祝福，当我没什么兴趣就要关掉微博时，突然看到了朋友发的一段话。

“快过年了，好多朋友都发来新年贺卡，祝愿我‘新年快乐’。可是，我真的快乐不起来呀！因为可恶的经理又让我加班了。

“本来我已经买好了回家的火车票，正准备下周高高兴兴回家过年的。但是这周一早会的时候，经理突然送来了一个晴天霹雳：‘酒店春节期间订出了很多年夜饭，需要人手，大家留下来加班吧！’会上还提前给我们每个人都发了红包和礼物，说希望我们好好干，还说年轻人就应该拼搏一下，如果家太远回去一趟不方便，不如留在酒店过年好了。”

之后通过和她聊天我才知道，原来她所在的五星级酒店并没有给她休假的机会。电话里她不断地和我抱怨，本来平时上班就很累，周末也几乎没有什么休息的时间。累了一年的她很早就想回家好好陪陪父母，但是现在却连反驳的机会都没有，她感觉很委屈和焦躁：“一年都没见父母了，我的命怎么那么苦啊？”

像我朋友这样，过年计划被加班打乱，甚至没有假期的人还很多，尤其是在媒体、医院以及商场、酒店等服务领域工作的人，越到年终越是忙碌。由于不能回家，很多人都产生了郁闷情绪。如果这种状况得不到缓解，慢慢地就会演变成吃不下、睡不着，甚至出现严重焦虑情绪。

过年加班之所以会感到郁闷焦虑，主要源于一种比较心理：“别人都放假回家和家人团聚，享受家的温馨和幸福，自己却要坚守在工作岗位上，为老板卖命，太不公平了！”这是一种很正常的心理，因为我们每个人的内心深处都有一种渴望：用最少的时间和代价享受最优质的生活。如果自己还在苦命地加班而别人却怡然自得地休息，自然会出现烦躁或者对抗的心理。

不过，如果加班的事实已经存在，逃也逃不掉，郁闷焦虑也不是办法。不妨换个角度来看问题。比如，告诉自己加班其实是好事，一方面可以学到新知识，得到领导的赏识，另一方面还可以拿到高额的加班费。这样一想，或许你就没有那么郁闷、焦虑了。

用学习的态度加班会给人带来一种心理上的平衡，因为学习是给自己学的，这样的话，即便是累，也是有价值的。我有位朋友刚毕业的时候在一家互联网公司做小职员。当时他觉得自己找份工作不容易，就决定尽心尽力地为公司干活。

公司没有加班的习惯，一下班大家都回家了。但顶头上司却仍然留在办公室里加班到很晚。因此，他也决定在下班后留在办公室里。他说：“当时没有人要求我这么做，但我认为应该有人留下来，必要时我的上司会需要我的。”果然，时间久了，上司也注意到他了，经常给他分派任务。

一年后，我的这位朋友因为工作出色，迅速晋升为产品开发经理。“那时，我一心想着努力学习工作，从来没想过要得到什么额外的报酬，更没想过这样做会为自己的职场生涯带来什么好处。但是，我慢慢发现，自己越来越熟悉公司的业务，更重要的是得到了上司的垂青。”

你看，一样是加班，有人是在痛苦进行着，有人却是通过加班在学习和进步，心境自然也就不一样了。

很多年轻人虽然知道加班有好处，但是仍不想加班，觉得加班占用了自己的私人时间，自己没时间和恋人约会，也没有时间和朋友聚会。可是，这是一个有付出才有收益的时代，而加班正是证明自己能力的一个途径，特别是对于一些没有任何基础、背景的年轻人来说，加班也能体现出自己的价值。如果你不想加班却想得到更多收益，那么这怎么可能呢？而且有句话不是说“年轻的时候过得舒服，中年的时候过得糟糕”吗？现在不拼搏奋斗一下，还等到什么时候！

如果你此时正为要不要加班而左右为难，不妨先好好想一想，如果不加班，会不会影响工作，甚至被“炒鱿鱼”？如果你决定加班，一定要提前告知家人，尽早修改行程。比如，放假时间大幅度缩水，不妨把长途旅行改成短途游玩，去郊区、公园转转，也不至于过于苦闷。不能回家，就提前给父母亲朋寄些过年礼物，多打打电话、聊聊天，焦虑情绪多少也能得到一定程度的缓解。

年龄焦虑——年龄又增，压力更大

无聊的时候翻了翻家里的老照片，看到一张我和小姨的合影，那时候我还很小，也就是还在上小学的样子，而旁边的小姨俨然已经是一个大姑娘了。印象中的小姨从小就是一个很要强的人，我上学的时候，妈妈就总是在我面前说小姨的优点，并且让我以后成为和小姨一样的人。

小姨大专毕业后就参加了工作，目前是一家化妆品公司的区域销售经理。10年前她凭着自己的努力成为公司当时最年轻的区域销售经理。但是10年过去了，她仍然在这个位置上纹丝不动。眼看着越来越多的新人涌进公司，一个比一个年轻、能干，已经38岁的她倍感压力。

为了站稳脚跟，她不断提高对自己的要求，经常加班加点工作，体力、脑力长期处于透支状态。从今年6月份开始，她出现了失眠、焦虑、烦躁、健忘等不良状况，工作业绩直线下滑，公司高层对她也颇有微词。她明白这就是所谓的“事业瓶颈”，所以面对年轻而富有朝气的下属，她经常感到力不从心，就是来我家的时候也不时地对我讲：“长江后浪推前浪，看来我这个老人要被拍死在沙滩上了。”

年龄恐慌，通常是指年龄在25～40岁的职场人对于自己未来的一种焦虑。这种焦虑的主要表现形式是对于年龄的慌张，认为有种“时不我待”的紧迫感。

产生年龄恐慌的原因一般有这几种：成就恐慌，在竞争日益激烈的当今社会，不少30岁以上的人因为事业无成而感到恐慌，他们会产生消极心理，总觉得看不到未来，看不到希望；定位恐慌，人到中年，突然遭遇失业或对自己的职业不满意，很容易会陷入焦虑之中；竞争恐慌最为常见，现代职场更新换代太快了，很多年长者，看到生龙活虎的新人时，难免会生出一种“长江后浪推前浪”的危机感、焦虑感。而一些企业在招聘过程中歧视高龄人士的现象更是加重了人们对年龄的焦虑。

年纪轻，思维活跃，接受能力强、学习事物快，的确有一定优势。但年龄大也有自身的优势。我看过一篇报道，一家公司要招聘行政经理一职，有三人进入了复赛。前两位都是20出头、活力四射的年轻人。而第三位是个45岁的大妈，从年龄角度上来讲，她绝对处于劣势。但是最后，这位大妈击败了两位年轻人成功上任。很多人不解，公司老总给出了答案：“虽然她在年龄上处于下风，但是她有年轻人无法比拟的优势：宝贵的工作经验和丰富的人生阅历。”由此可见年过三十并不等于进入了职场的尾声。

人近中年，思维能力、精力都会出现倒退的趋势，出现瓶颈是在所难免的。但是只要合理调适，依旧可以在职场上混得风生水起。

1.改掉工作陋习，永不懈怠。有些人到了中年往往喜欢破罐子破摔，在上司不在的时间偷懒、玩游戏、聊QQ、睡懒觉。在年轻人层出不穷的职场，这些都是十分危险的行为，保不准哪天你就会被裁掉了。

2.根据自身的情况，及时充电。有些人认为，只有年轻才有更多更好的工作机会，而且因为精力充沛也容易就业。其实这是片面的想法。在大部分行业能力永远比年龄重要。所以一定要不断充电，增强自己的实力，让自己不可替代。

3.尝试心理减压。网友“莉莉安”说：“焦虑不要一个人扛。应该学会示弱，向朋友、亲人倾诉，把压抑的情绪发泄出来。有时间多和家人、朋友聚聚会、聊聊天，可以分散注意力，排解和消除积聚在心里的苦恼、忧愁、委屈、怨恨等不良情绪。”

网友“米其林的蛋糕店”说：“吃点‘快乐水果’轻松快乐一整年。水果中，香蕉、樱桃和葡萄柚都被称为是‘快乐水果’。香蕉中含有一种称为生物碱的物质，可以振奋精神和提高信心，樱桃中的花青素有抑制炎症作用，而葡萄柚浓郁的香味不但有助于提神醒脑，而且其中所含的大量维生素C，有增强抗压力的本事，使人精神愉悦。所以，感到有压力时，就大口吃水果吧，把烦恼一一吃下。”

网友“健身俱乐部”说：“做点‘阳光运动’保你无忧。压力大的时候，做做自己最喜欢的运动，如打台球、网球、乒乓球、羽毛球、篮球、游泳、练瑜伽等……不仅可以让你保持良好的精神状态，还能有效地抑制食欲、改善情绪。如果有条件的话，晚上回家的时候，放上一池热水，让身体浸泡在温暖轻柔的水里，让肌肉和神经都得到最大限度的放松。泡热水澡可以让心情逐渐平静、压力慢慢缓解、大脑恢复理智，然后美美地睡一觉，彻底放松心情。”

如果你最近也患上了“年龄焦虑症”，不妨试试上面的方法吧。如果还是不能减轻焦虑情绪，那么你可能就属于焦虑情绪较重者，要及时到心理门诊咨询医生了。

裁员焦虑——该去还是该留

朋友美雅在一家著名广告公司工作三年了，一直风平浪静。但是最近突然有同事传言说："公司要进行一轮大规模的裁员了！"一时间人心惶惶。

一个月后，传言被证实了。许多员工都被炒鱿鱼了，其中就包括美雅的两位好友。在陪她们掉眼泪的时候，美雅也开始担忧起自己的未来："说不定再过两天我也要卷铺盖回家了。"

美雅的担心不是空穴来风。因为就在前天，她坐在办公室里，眼睁睁看着经理把原本属于她的一些任务分给了其他人。那一刻，恐惧扑面而来："他这么做，不会是趁机把我'架空'，然后直接把我踢走吧？"一连好几天，美雅都忐忑不安，生怕工作的时候经理突然把自己叫进办公室，说要裁掉自己。

有时候，她也会像阿Q一样自我安慰："我这么优秀，只要把心态放平和，把状态调整好，老板是不会裁掉我的。"但是裁员毕竟是件大事，她的心又怎么能平静得下来呢？

职场风云变幻，既有升职加薪，也有降薪裁员，一旦出现点风吹草动，公司上下必然会人心惶惶。尤其是一些心理素质不过硬者，老早把担忧写在脸上，想象着自己打包走人的场景，担心自己再一次落入失业大军中。由于担忧过度，他们常常无心工作，甚至表现出一些生理上的不适，感冒、头晕、乏力等。

小时候，为了预防疾病，我们经常会打预防针。同样的，为了减轻裁员所带来的紧张焦虑情绪，不妨提前进行心理干预。很多人习惯于掩耳盗铃，认为人把困扰藏在床底下，就没问题。这样做的结果往往是你再也听不到那些让你产生焦虑和恐惧的消息，但是等到它们积累到一定程度突然像火山一样爆发时，也许你就要面对更难对付的抑郁和焦虑了。所以最好在裁员危机到来之前，做一下心理检查，找找自身的问题，千万不要等到事情无法挽回的时候再去找人帮忙。

当公司决定裁员时，最先裁掉的是那些能力不强以及精神状态不佳的员工。因为老总们会担心这种消极的情绪会传染给其他员工。所以，只要你的裁员通知单一天没有下达，你就没有理由让自己不开心。研究发现，情绪与大脑分泌的血清素、去甲肾上腺激素和多巴胺有关，一旦这些物质失去平衡，人的情绪就会产生波澜。尝试着让大脑分泌更多的快乐因子，比如多回忆美好的人生经历，多参加有意义的业余活动，丰富自己的日常生活，少想裁员的事。这样一来，你或许会变得更加的积极，甚至能改变上司的决定。

如果你还是很焦虑，不妨向亲朋倾诉一番吧。不要担心说出公司即将裁员的消息后会被他们看不起，因为事情尚未发生。听听他们的看法和想法，你会获得不少经验与支持的。

如果有天你真的被老板裁掉了也不要灰心。先深吸一口气，让自己的紧张情绪缓一缓。然后看看自己手中还剩下什么：第一，还有多少钱，能支持你多久的生活，这直接影响你的心情；第二，还有多少朋友和亲人在支持你，不知道就动动手打电话问问吧。记住，那些听到你被裁的消息说“下次请你喝茶的”，也许不是你真正的朋友。在打听的过程中，你不仅能获得一些精神上的温暖，还能知道哪些人还在继续支援着你。香港一家报社的高级编辑被裁员之后惊喜地发现天天有人排队请他吃饭，“不被炒不知道朋友多”。

不管你最终会不会被裁掉，都要以饱满的热情投入到工作中，用积极的心态来面对每一天的任务，甚至有时候你要比以往更努力，因为所有的努力都会被人看在眼里。有时候或许正是你的努力让上司发现你是公司不可或缺的一员。当然了如果发现自己在工作方面存在缺陷要尽早加以改正，不要计较又无偿加班了两小时。

总之，单位裁员、寻找新工作，这是很多人都会遇到的事情，不妨坦然面对。如果留下就好好接着干，如果被裁员了，就打起精神寻找新的机会。

前景焦虑——辞职创业担忧未来

有人说："创业风险太太，有了上顿没下顿，整天提心吊胆的，太辛苦。继续工作吧，朝九晚五的上班生活，虽然枯燥了点，但是能带来稳定的收入，安逸自在。"有人却说："把青春葬送在安逸的时光中太不值了！年轻人就是要勇于拼搏，创业吧，为自己的理想奋斗。"很多人都曾在工作和创业之间纠结徘徊过。因为看不到未来的方向，而陷入了深深的焦虑之中的也大有人在。

表弟从澳大利亚留学回来后，先后找了两份工作，但是做得都不如意，经常在我面前唉声叹气的。我猜想他熬不了多久了。果不其然，两个月前他打电话告诉我，说已经辞职了。我问他今后有什么打算，他说想自主创业。

"姐，新年就要到了，我准备和几个朋友一起注册一家会计公司。现在的新政策不是规定内资企业也能享受以前外资企业的出口退税业务吗？我想我们可以承包一些'外包'业务。但是，不瞒你说，一想到马上就可以自主创业了，我也有些担心焦虑，担心找不到客户、担心效益不好、担心投资失败血本无归被别人耻笑。毕竟现在市场竞争这么激烈，前景如何，我真的无从知晓。哎！说实话，我都有点怀疑自己该不该创业了，我该怎么办呀？"

我看出了他的心思，回复道："很多成功者在创业之前，都曾有过对创业前景的担忧，但是他们最终成功了，为什么？因为他们敢于行动。创业是做出来的，不是想出来的。如果你一天不行动，你就一天不会摆脱焦虑。"

上大学时，一个同学提过一个想法，如果在地铁通道的墙壁上安装显示屏，上面放一系列静态但连贯的画面，当地铁跑起来时，乘客就会看到一段动画，如果放上一段广告的话，一定能赚上不少钱。这个主意很好，但我们也就说说而已，很快就忘了。几年后，地铁两边真的出现了这种东西。那一刻我想到了那位同学，原来每个人都有过让自己感到振奋的好想法。

在知乎上，有人曾提出了一个问题："你有哪些曾经自认伟大能赚钱的创意？"结果有一千多人进行答复。我看了一下，在这些回答里确实有许多非常棒的创意。不过他们大多数人都只是有才华的空想家而已，他们离成功只差一段执行。

有人问马云："在一流的创意三流的执行，和一流的执行三流的创意中，你选择谁？"

他说他肯定选择后者："执行是一，创意是一后面的零，没有执行，创意就是无根之水，空中楼阁。"

想法只是万里长征第一步，在通向目标的过程中，还需要很长一段执行，不执行什么都是空中楼阁。有些人想法很多，但是就是不肯去做，不做你永远不知道自己的实力在哪儿，永远不知道自己的不足在哪里，永远无法摆脱纠结焦虑的命运。从现在开始，对自己说："以后不要再说我有一个好想法了，如果要说，就说我已经做了什么，这更重要。"还有些人已经迈出了一步，依旧感到焦虑迷茫。这可能是你太在乎外界的看法了我有位朋友创业了十年，其间经历了不少曲折，但是他还是把公司做强做大了。我问他："你不迷茫吗？"他回答说："忽视外界的评价就不会迷茫。结果不如意的时候，你会想别人怎么看我，社会怎么评价我，我有什么得失，一旦想这些问题就非常迷茫。后来我发现如果我就是我，而环境就是环境，我怎么认知自己和环境怎么认知我就没有什么关系。这样去想的时候，我就只投入做好我该做的事情，不关乎得失，也不关乎成败，甚至不关乎别人的评价，不受外界影响就不迷茫。"

一旦你决定做一件事，就大胆地去做吧，不要纠结于成败，不要在乎别人的眼光。想通了这个，所有的迷茫焦虑都消除了，真的很神奇。

第九章

失去焦虑
——不怕失去才不会失去

总怀疑老公有外遇——疑心焦虑症

某天晚上一个人去餐厅吃饭。等菜的过程中，闲得实在无聊，正愁无处打发时间，无意中听到了背后两位女食客的聊天记录：

“陈医生，我找你来，就是想和你聊一聊我的心事。”

“你说吧。”

“我怀疑我老公出轨了。”

“为什么会这样想呢？”

“和老公刚结婚的时候，我们一个在武汉、一个在深圳。后来因为害怕感情受距离影响，我辞去了武汉的工作，到深圳做起了家庭主妇，负责老公的饮食起居。因为在深圳没什么朋友，经常一个人呆在家里，时间久了，对自己越来越没有信心，并且时常怀疑老公会出轨。只要他哪天晚上回来得很晚，我就会大动肝火地和他大吵一架。”

“你老公什么反应？”

“他对我很包容，每次我跟他闹他都不放在心上。可是他越是这样，我就越怀疑，他出去半个小时没回来我就紧张，然后就追问他去哪了，查他的通话记录，跟踪他。有时候他上班的时候，我也会打电话去查岗。我快崩溃了，我老公也受不了了。我吃不下饭，睡不着觉。”

“你有什么证据吗？”

“有。有一次，我买了一张家园卡，试探我老公。发了好多信息约他出来见面，一开始我老公不同意，好像怀疑是我，可我一再引诱他出来开房，后来他答应了。当时我气得快崩溃了，跑去宾馆门口，没想到我老公根本没进去，他在宾馆的马路对面，看见我后大声叫我，他气得不行，说他就知道是我，回去以后我们打了一架。他问我为什么老不相信他，为什么要老是怀疑他。我问他为什么要答应别人去开房，他说他怀疑是我，所以去了，看看到底是不是我。我也不知道他说这话是真还是假，我要他发誓，不过他也发了毒誓，说以后再也不会那样了。自那以后，我的疑心病更重了，每次怀疑他，他就问我要证据。他说这几年来，他一心一意爱我，为什么我老不相信他？其实我也没有任何证据，证明我老公在外面有外遇，可我为什么老是不放心，为什么老是怀疑我老公呢？陈医生，请问我这是不是心理有问题啊？”

怀疑丈夫出轨，从心理学角度讲，是一种很常见的猜疑心理，大多数女人都曾有过这种经历。

心理学家指出，造成女人怀疑丈夫出轨的通常有这几种原因：1.是彼此之间缺乏了解和信任；2.是有着作茧自缚的封闭性思路，常常用主观镜头歪曲事实；3.是对自己缺乏自信，害怕对方会离开自己；4.是听信流言蜚语，在乎别人的说长道短。归根结底还是缺乏安全感，由于内心缺乏安全感戒备之心随之提高，由于提高了戒备之心内心变得极度敏感脆弱，进而疑神疑鬼，无法再享受到婚姻的幸福和乐趣，更进一步会对婚姻产生失望情绪。

培根说过：“猜疑之心犹如蝙蝠，它总是在黄昏中起飞。这种心情是迷陷人的，又是乱人心智的，它能使你陷入迷惘，混淆敌友，从而破坏人的事业。”在众多影响爱情幸福的因素中，猜疑可谓是最大的敌人，它就像是在画一个圆圈，越画越粗，越画越圆。

如何缓解夫妻之间的猜忌呢？根据上面那位陈医生的回答和身边的一些心理医师的建议，我总结了以下几种方法：

1.开诚布公地谈一谈。

夫妻间出现猜疑，最主要是由缺乏思想沟通，或者是听信流言蜚语造成的。俗话说："长相知，不相疑。"加强交流沟通，才能增进彼此间的信任。

当两人之间出现猜疑时，双方不妨冷静下来，然后找准机会心平气和、开诚布公地交谈一番，一方把自己心中的猜疑和盘托出，另一方针对对方的猜疑做出详细的解释。最后双方根据各自的情况进行一次实事求是的判断，做错的一方要做自我批评，以消除彼此间的误会。

2.做些调查研究。

如果你还是不能彻底地解除猜疑，不妨做一点调查研究。你所猜疑的事，可能会有其他人知道，问问他们，了解一下真实情况，总比你自己在那里瞎想要可靠得多。当你获知了真实情况之后，猜疑就完全可以澄清。

3.适当保持沉默。

很多人可能会感到不可思议，事实上，当你不知如何解释，事件又过于复杂的情况下，说得越多，便会带来越多的猜忌和疑惑，保持沉默是最善意的方法。只不过，你在行动上要积极一点，如果你还爱他，那么就一定要让他知道你的态度。比如，在误会期间，对他更加体恤照顾，让他充分感受到你的爱。只有这样，他才会对你彻底放心。

4.用行动消除猜忌。

爱他就证明给他看，这是消除猜疑的最好办法。很多夫妻在一起时间久了，就把亲吻当作一种可有可无的行为。事实上，吻是一种很奇妙的行为，它可以很好地向对方传递出一种"我永远爱你"的情怀。所以，重视你们的每一个吻吧，怀着一颗真诚而温柔的心，吻住她的嘴，就像你们第一次亲吻时那样。

经常给对方打电话、发短信、传邮件。想象一下，如果每天你都会收到老公的一个短信，你会不会感觉很幸福？短信、电话、邮件都是恋人之间感情的纽带，让你知道他百忙之中心里还惦记着你，还有什么比这更让你幸福的呢？

也许由于出差的原因，你们经常不能见面，但是一定要保持这个习惯。无论是电话、短信、电子邮件甚至是枕边的一张小小字条都可以向对方传达你的心意：尽管我们不能见面，但我的心永远在那里。最重要的，不要吝啬说出"我爱你”。

5.相信自己、信任对方。

在爱情和婚姻的世界里，相互信任是基础。如果两个人之间连最基本的信任都没有，那样的感情随时都会爆发出危机。多给自己一点积极的心理暗示，比如“他是爱我的”“我身上有值得吸引他的地方”“他不会做对不起我的事的”。

6.爱自己。

作为女人必须要爱自己，如果连自己都不爱，那么就失去了被男人爱的资格。如果老公真有外遇的话，也不要过分想不开，要爱护好自己，做一些有意义的事情，让自己充实一些。如果爱情不存在了，维持一种关系是对彼此的伤害，离开也是一种选择。

生活中的一切变化都不可怕，我们应该学会坦然面对，要知道爱情并不是被时时宠爱、事事被宠爱，爱情需要让双方都有甜蜜的感觉，学会爱别人，学会爱自己，学会爱这个家庭，生活才会更加幸福起来。

害怕失去来之不易的婚姻——爱情焦虑症

你听说过“爱情焦虑症”吗？也许你会怀疑，处于蜜月期的恋人怎么还会“得病”？事实上，“爱情焦虑症”在未婚和已婚的恋人之间都很普遍。

有一天，我从一位做心理咨询师的朋友那里听说了这样一个故事。

“那天早上，一个美丽但是又略带忧郁的女孩走进了我的咨询室。她噙着泪水对我说，她现在的心理状态非常糟糕，但是丈夫却并不知道。我问她发生了什么，一开始她显得很拘谨，但是后来慢慢地我们聊开了。

“女孩对我说，半年前，她拿到英国一所著名大学的研究生入学通知单，男朋友拿到了北京一所名牌大学的任职offer，他们俩都非常高兴。由于当时恋爱已经有五年了，为了守护这份来之不易的爱情，他们决定在出国前夕结婚，并发誓：虽然彼此天各一方，但是心意永远不变。

“她的这段经历曾让出席婚宴的很多同学羡慕不已。但是结婚不到两个月，她就匆匆地从国外赶了回来。我问她为什么突然在这种情形下跑回来，她表情痛苦地对我说道：‘我现在感到非常惊慌、焦虑，简直度日如年。’她在英国留学期间，十分孤独寂寞，每当回到寝室，她都感到十分痛苦，她害怕丈夫在外面碰到了某位温柔漂亮或者才华横溢的女孩儿，突然间爱上了别人，把自己抛到了九霄云外。越想越怕，最后就大哭，书也读得不专心，饭也没胃口吃。”

男性一旦获得他想要的爱情，往往会大舒一口气，不再焦虑。女人与男人相反，她们不怕得不到，却害怕得而复失。这种心理其实是中国传统文化中从一而终观念的一种体现。

在爱情和婚姻中过度焦虑，不仅会影响自己正常的生活和工作，严重者还会伴发一些不良的躯体症状，进而危害身心健康。为了自身的健康着想，下面就让我们一起来看看怎样走出“爱情焦虑症”吧！

1.摆正事业、工作、生活与爱情的关系。

爱情虽然是我们生活的重要组成部分，但绝不是唯一的内容。我们丰富多彩的生活是由工作、学习、社交、娱乐、恋爱、结婚、生儿育女等不同的生活元素共同构成的。爱情也不只是两人甜言蜜语、花前月下，爱情还表现在双方在事业上、工作上、生活上的相互支持和帮助，只有这样爱情才会有坚实的基础。如果不能摆正爱情与事业、工作、生活的关系，终日沉缅于爱欲之中，影响了正常的工作与生活，就得不偿失了。同时，把主要精力放在工作上，这种转移注意力的办法可以有效地帮助你缓解对爱人的期待心情，帮助你克服当前的焦虑情绪。

2.加强沟通，合理宣泄自己的痛苦。

爱人之间加强沟通是最为关键的一步。很多人出现“爱情焦虑症”的一个重要原因就是对自己不够自信，对对方不够信任。其实，有什么事情都可以找适当的时机用适当的方式说出来，不要做无谓的担心。隐瞒只会造成误解与隔阂，而坦诚相告不但能减轻自己的心理压力，还可以得到及时的帮助与理解。如果你依旧很焦虑，不妨把它们写进日记本里，或者是向你的亲人和好友倾诉，把不良情绪释放出来。

3.顺其自然。

当焦虑和恐惧袭来时，不妨用顺其自然的态度来应对。要知道，焦虑情绪本身其实并不可怕，如果对它并不在意，那么过一阵子你的心情自然会好起来；但如果你特别紧张自己的情绪，那么焦虑感和恐惧感就有可能加剧。

4.保持健康的生活习惯。

患病期间多注意休息，平常也应保证充足的睡眠。生活有规律，劳逸适度，注意保暖，防止受凉受潮，防止感染，定时复诊，加强锻炼，提高机体免疫力。平时多和朋友参加一些文体活动、逛逛街、旅游，分散自己的注意力，这样或许会减轻你的痛苦。

5.寻求心理医生的帮助。

“爱情焦虑症”是爱人之间普遍存在的一种现象，轻微性的焦虑情绪不仅不会影响人的正常生活和工作，反而还会增添爱人之间的亲密关系；然而，过度亲密无间，以至于达到了无法分离甚至是不能离开半步的情况，就属于患上“爱情焦虑症”了。如果你在经过一系列的努力之后，还不能走出“爱情焦虑症”的阴影，要及时求助于专业的心理医生，让他们帮你进行心理干预和心理疏导，这是为保持心理健康做的明智选择。

总是担心错过什么——错失恐惧症

某个周末的早上，我正躺在被窝里睡懒觉，突然小区楼下传来一阵刺耳的汽笛音，把我吵醒了。我揉了揉眼睛，不好，已经11点了，该不会错过什么了吧。这样想着，顺手就打开了微信朋友圈。果不其然，有几个朋友正在公园里进行露天烧烤，哎，又错过了一场好戏！

想必不少人都曾和我一样，有过一种“机不可失，时不我待”的焦虑感。这种状况在心理学上也叫“错失恐惧症”。这个词最早由美国作家安娜·斯塔梅尔提出，后被美国《商业周刊》引用，因此广为传播。斯塔梅尔指出：“错失恐惧症就像一种传染病，染此病者不惜代价，无法拒绝任何邀约，担心错过任何有助于人际关系的活动。”也有人把这种症状称为“局外人困境”。

有媒体曾对新浪微博的用户进行了一次抽样调查。结果显示，15.2%的人说自己不会拒绝牌局、饭局、K歌等各种邀约；32.6%的人承认自己会频繁刷新微博等社交网络；有超过50%的用户说自己严重依赖手机，只要手机没电了，或者是忘带了，就会心烦意乱。

心理学家指出，“错失恐惧症”的出现可能与曾经错过一些重要事情的经历有关，由于害怕再次错过，所以会变得矫枉过正，面对一些无足轻重的机会也变得过于紧张。

当然，最主要的一个原因是过度依赖社交网络。在铺天盖地的社交网络中，我们日常生活中的决策、情绪及情感极易受其影响。尤其是当使用QQ、微信、微博等社交软件时，那些不断闪烁的信息提示，来自好友们的最新动向，使得潜伏于我们心底的惶恐与焦虑迅速膨胀。由于总是怀疑自己错过了什么，害怕自己就时间安排上做出了错误的决定。平静的心很容易变得犹豫，既而转变成恐惧、焦虑、刺激、茫然、患得患失、烦躁不安等诸多复杂情绪。

麻省理工学院教授雪莉·图尔克勒认为，随着技术不断渗入我们的生活，人与技术之间的联系正变得越来越紧密，后者被赋予更多权利，从而得以影响我们的决策、情绪及情感。

即便错失感是我们热烈追求生活的一个证明，但是过于强烈的错失感也严重损害着我们的生活质量。

如何向“错失恐惧症”说再见，一些专家给出了下面的一些建议：

1.肯定自己。在心底默默地对自己说：“我的眼光很独特”“我的故事也很有趣”“我拥有的别人未必有”“我今天只看了一些有用的信息”……这种方法可以有效地缓解患得患失的心理。与此同时，不要忘了把你的愉快的经历分享给周围的人。

2.认清某些错失的东西，并不是适合你的。很多人总是担心自己错过了什么重要的事情，并因此闷闷不乐。但是，你有没有想过一个问题，是不是大多时候那些你错失的并不是你真正想要的？是不是那些错失的东西其实对自己没什么影响？就好比你的朋友买了一双溜冰鞋，你也想买，但是你根本不会溜冰。你没有买，大家也不会因此就不喜欢你。所以，对错失某些东西是不必要恐惧的，更不要耿耿于怀。

3.回忆你所取得的成就。如果你总是盯着别人拥有的东西，说明你对自己的信心正在大幅度缩水，这个时候不妨重新从脑海中调出那些美丽辉煌的瞬间吧，最好把它们写在纸上。每当你的“错失恐惧症”发作时，拿出来看一看，你的心理就会变得更平衡一点。

4.重新审视自己的价值观。问问自己：“我想要的是什么，我追求的目标是否值得追求？”有些目标能让你的生活更有意义，比如善良、诚信、正直；有些目标只会浪费你的时间，徒添你的烦恼，比如过度的虚荣、刻意的攀比、无底的欲望。

有些人认为，每天花大量的时间专注于社交网络，自己才不会被认为落后。但是，事实上，要想走在时代的前沿，应该让自己的头脑更强大，经历更丰富，闯劲更韧，更足。

5.告别病态的生活，尽量减少社交媒体的使用频率。照片共享服务应用Flickr及推荐引擎Hunch的联合创始人卡特里纳·费科认为，社交网络既是引发“错失恐惧症”的根源，也是治愈“错失恐惧症”的药方。

社交网络总是致力于提高用户的回头率，根据其发布内容的新颖度、创造力或受欢迎程度予以奖励，并允许其他用户对照片等发表评论，因为“没有人生活在真空中”。结果导致成千上万的用户对社交网站上了瘾，与此同时，也有不少人感觉自己正沦为他人幸福时光的旁观者或者“总是迟到一步的”局外人。要想走出所谓的“局外人困境”，就要做自己的主人，至少，学会偶尔对手机说再见。

正所谓“失之东隅收之桑榆”，你得到了一些东西也必定会失去一些东西，睿智的人应该学会取舍，冷静评估自己所期待的事情，对于一些无关紧要的事或有机会“补救”的事情，果断取舍，不要患得患失。同时，找到自己每天的生活主线，告诉自己，只要抓住了主要的东西，即使错过了“备选”的也不算损失。如果还是不能缓解焦虑状况，就要向心理医生寻求帮助了。

越害怕失眠越失眠——失眠焦虑

“我最近晚上总是睡不好，一想到睡不好要影响白天的精神状态，我就越来越着急，结果10点躺下的，凌晨1点才睡着，睡到5点多醒了再也睡不着了。由于晚上睡不好，一到白天，我就哈欠连天、无精打采的。”

这种失眠就是常见的焦虑性失眠。具体表现为躺在床上以后，翻来覆去不能入睡，脑子里总是想着某件事情，不想还不行，越想越兴奋，越兴奋越睡不着，越睡不着越害怕影响第二天的状态。

为什么越担心睡不着，就越睡不着呢？心理学家指出，人的大脑皮层的高级神经活动有兴奋与抑制两个过程。在白天时人的脑细胞处于兴奋状态，晚上时人的脑细胞进入抑制状态而睡眠，早上又自然转为兴奋。“兴奋”与“抑制”交替形成了人周而复始的睡眠规律。“怕失眠，想入睡”，本意是想睡，但是越怕失眠，越想入睡，脑细胞就越兴奋，结果就更加难以入睡。

曾经有一段时间，我也陷入了焦虑性失眠的漩涡之中。那时候我常常半夜12点还翻来覆去睡不着觉，一想到早上6点就要起床了，我就十分苦恼，害怕第二天变成无精打采的“熊猫”。当然，更让我担心的是来自网上的一些观点：如果每天的睡眠时间经常达不到8小时，身体会变得越来越差，寿命也会越来越短。

直到有一天，我无意中看到了《和失眠者聊天》这本书，我的担忧才逐渐缓解。书中说，人所需要的睡眠时间因人而异，并没有一个所谓的标准时间。美国国家健康数据中心研究发现，每10个人中就有2个人每天只需要睡稍少于6个小时，就可以保持良好的精神状态，而10个人中还有1个人每天可能需要睡9个小时或者更多的时间才能恢复良好的精神状态。

一些睡眠研究专家把每天所需睡眠时长为6个小时或者更少的人称为“短时睡眠者”，把每天所需睡眠时间多于9个小时或更多的人称为“长时睡眠者”。在历史上，拿破仑和爱迪生都属于短时睡眠者，他们每天只睡4～6个小时就能保持充足的精力。而另一些人如果每天只有少于10小时的睡眠就会非常难受。

睡得少也可能睡得好。在睡眠中，重要的是比例而不是时间。有的人每晚只睡5～6个小时，但深睡眠时间达到了标准，早上起来神清气爽。有的人，晚上睡了10多个小时，起床时反而会腰酸腿软、精神不济，这是因为他的深睡眠时间过少。

如果你受失眠困扰，不妨在晚上入睡之前告诉自己：“失眠没有什么大不了的，失眠对我明天早上的工作、学习状态没有很大的影响！”或者你也可以对自己说：“失眠可能会让我明天长出一双熊猫眼。但是只要我保持愉快的心情，明天的一切事情都可以办得很好。”端正你的心态，1天或几天少睡几个小时没啥关系，不要把它想象得很糟糕，保持一个良好的心态对于调整失眠很重要。

顺其自然。很多有强迫症倾向的朋友都有睡眠问题，或者无法入睡，或者早醒。放轻松！就像你说的，好像越强迫自己睡越睡不着，那么何不随性一点呢？睡不着就睡不着，不用抵抗这种感觉，看看电影、听听音乐、上上网等，不仅时间过得快，当人累的时候自然就睡着了。

自由联想。闭上眼睛，想象一个自由放松的场景，比如原野里、大海边等，想象自己漫步在田野里呼吸着新鲜的空气，在海边享受着迎面吹来的徐徐的凉风，踩在软绵绵的沙滩上，非常的惬意舒心，这样的联想有助于你放松下来，更快地进入睡眠之中。

微笑混淆法。所谓微笑混淆法其实也是一种心理暗示法。具体做法是，彻底放松自己的脸部，保持微笑。同时不断地自我暗示：“今天过得很充实，现在可以安心睡觉。”“我的睡眠越来越好了。”“今天很开心，真好！”然后闭上眼睛睡觉。有些失眠者会因为一些烦心事而影响睡眠质量，不妨这样暗示自己：“我究竟是在想问题，还是在做梦，我也不清楚。”这种混淆手法能够诱导人尽快进入睡眠状态。

保持良好的生活睡眠习惯。晚上不熬夜，睡前不做剧烈运动，不看情节激烈的书籍和电视；晚饭不宜食过多过晚，否则影响夜间休息。当焦虑发生时，可通过做运动、听音乐等，来释放压力。

食用改善焦虑失眠的食物。小米、牛奶、大枣、桂圆、葵花籽、莲藕等都可以起到安眠的功效。若因烦躁发怒而难以入睡，可饮一杯糖水。因为糖水在体内可转化为大量血清素，此物质进入大脑，可使大脑皮层受抑制而易入睡。有些人长途旅行后，劳累过度，夜难安睡，可用一汤匙食醋兑入温开水中慢服。饮后静心闭目，不久便会入睡。

害怕丢了工作，也怕找不到工作——失业焦虑

网友“兰天涯”最近一直紧张兮兮的，只因为领导说了一句，公司要裁员了！“我要是不小心被裁了可怎么办？”“没了工作就没了收入，我这个月的房租还没付呢！”“万一找不到新工作怎么办？”

“怎么这么倒霉呢？简直欲哭无泪啊！”一周之后，她的QQ签名上出现了这句话，她真的被炒鱿鱼了。被生活所迫的她只得重新找工作，但是找了很久也没有遇到一家合适的公司。眼看着银行账户上的数字越来越小，她开始变得焦躁不安，夜晚常常失眠。“如果再找不到工作，我真的就走上末路了。”

这种症状就是我们经常听到的“失业焦虑症”。突然而至的失业可能会打乱我们原来平稳的生活轨道，让我们因为失去方向而感到迷茫和焦虑，这是很正常的心理表现。但是因为失业而过度惶恐，乃至觉得整个世界都坍塌了，就未免有些过了。

现在的职场竞争激烈，遭遇失业在所难免。有时候碰上经济不景气的时候，企业也会进行大规模的裁员，失业已变得越来越平常。逃避、抱怨、漫骂都是无用的，面对失业，不妨大胆接受事实，面对现实。

我刚刚大学毕业那会儿，入职了一家公司，试用期还没过就被刷下来了，那时候也很失望，但是后来转念一想，被刷下来也没什么大不了的，此处不留我，自有留我处，况且全国每天每百人中有5到10人跟我一样“炒老板鱿鱼”或“被炒鱿

鱼”，这样一想，顿时舒心了不少。接下来的一周里，趁着不用早起、挤地铁、打卡上班的空档期，好好休息了一下，去公园里跑跑步，读读书，心情好了许多。两个月后，我轻松找到了一份杂志社的工作，工作内容也很让我满意。生活是一面镜子，你对它笑时，它就会对你笑。我始终相信，好的心态是成功的一半。

对于一些自身实力不佳的失业者来说，失业阶段也是一个提升自我的良好时机。认真思考一下，自己理想的生存状态是什么样的，短、中、长期职业目标是什么，目前自己的不足在哪里，然后进行有针对性的提高。比如，参加各类培训，学一些新的、实用的技术。多对自己说：“我什么都能尝试！”而不是“我什么都不会！什么都不想做！”在竞争日益激烈的今天，只有不断地更新自身的知识、增加自身的附加值、提升自身的能力，才不会被残酷的职场淘汰。

写到这里，我想起了网上的一个帖子。S君和Z君大学学的是同一专业，毕业后，都在上海找到了一份不错的工作。S君为人上进，每个周末都会去各种培训班学习。Z君则比较安于现状，每到下班或者是周末放假的时候，总是能看到他在空间里发布的各种娱乐信息，比如晚上又和朋友喝酒了，又到哪里去旅游了。

一晃两年过去了。第三年，正赶上金融危机。S君和Z君所在的主要经营出口业务的公司都遭受重创。为了躲过危机，公司开始进行大规模的裁员计划，很快Z君被辞退了。过惯了“朝九晚五”生活的Z君突然有些不适应，一下子陷入了无边的抑郁中，整天借酒消愁，破罐子破摔。有一天，S君在步行街遇到了正在路边喝酒的Z君，他很诧异，不敢相信眼前这个邋里邋遢的人就是自己的大学好友。

后来经过一番询问，S君知道了实情，他说道：“我们公司也在裁员，可是我没有被辞退。因为我一直相信，身在职场如逆水行舟不进则退。业余时间我一直在充电，一直在学习。你是怎么做的呢？”S君之所以没被辞退，与他平日的学习有莫大的关系，而Z君的失业，则和他平时贪图安逸有绝对的关系。

失业之后要勇于开拓新路，要相信只要肯付出，脚下都是路。失业之后，很多人的第一反应就是顾影自怜，暗自垂泪。其实，要想走出失业的窘境，很重要的一步就是要大胆突破自我，争取一切可以倾诉交流的机会，无论家庭成员，还是普通朋友，都可以向他们倾吐心声、说出自己的烦恼和不幸。说不定，从他们那里你会获得有用的信息，甚至重新找到工作呢。记住，越多人知道你想要什么，就有越多人可以帮你得到它。无论你做什么，都永远不要低估人际关系网的力量。

有人说：“失业，只不过是如戏人生中的一点空档罢了！”失业有时也是上天对我们的一种眷顾。想想看，工作了那么久，累死累活的，突然有了放松身心的机会不也是一种福气吗？我身边有很多人，在经历失业的焦虑之后，才猛然发现自己其实赚到更多生活，那一刻，卖命工作的他们才懂得“为自己活”。

失业并不可怕，只要你敢于面对失业，你就一定能够走出这段低谷，拥抱更加美好的明天。

与其担心失去，不如珍惜拥有

高一的时候，我突然从爸爸那里得知奶奶得了癌症。一想到奶奶就要离开我了，眼泪瞬间就流了下来。那段时间我整天焦躁不安、无心学习，也不敢去医院看望奶奶，因为害怕自己会突然情绪失控、放声大哭。

直到有一天，姑妈对我说："趁奶奶还活着的时候，去陪陪她吧！"我才突然意识到自己的愚钝，赶紧买了东西探望奶奶。后来我只要有时间都尽量赶去医院陪伴奶奶。在奶奶生命最后的一个月里，我因为考试没能回去。但是我听妈妈说，奶奶走得很安详。

在生活中我们总是担心自己会失去什么，并因此陷入焦虑、抑郁的情绪之中。其实，与其担心失去，不如珍惜拥有，因为这样一来，就算哪天你真的失去了，也不至于后悔。

我在网上看过一篇报道，说广州一位赵阿婆的老伴在一次上班途中，突然倒下，此后昏迷不醒，医生也说"不行了"。赵阿婆已到暮年，还要面临老伴突然离去的风险，换作别人可能整天都愁眉苦脸的，但是赵阿婆却总是笑眯眯的。每天早晨，她必准时起床，给老伴熬粥，然后用汤勺一口口喂。有时候粥会从老伴嘴角流下，她不厌其烦用毛巾擦拭，这一照顾就是二十多年。

"好花堪折直须折，莫待无花空折枝"，千万不要等到失去后才追悔莫及。刚工作那会儿遇到一位男同事，和初恋女友谈了四年的恋爱。但是有一天女孩却以一句"我们不合适"为由和他分手了。从此之后，他整天愁眉苦脸的，有人给他介绍女孩认识，他也不搭理别人。"我再也不会爱了。"他说。

直到有一天，他遇到了一个女孩，她美丽温婉的气质深深地吸引了他。他一次次地想要靠近，但是却害怕再次失去。我们都劝他赶紧采取行动，但他还是徘徊不前。后来，那个女孩被别人牵起了手，他黯然神伤。

许多的事、许多的人在你身边流逝的时候，也许你不会有所觉察，而当你真正失去的时候，你才会在心里开始有所放不下。在电影《大话西游》里，孙悟空对紫霞仙子有过一段经典告白："曾经有一份真挚的感情摆在我的面前我没有珍惜，等我失去的时候才追悔莫及。如果上天能给我再来一次的机会，我会对那个女孩说三个字：'我爱你'。如果非要在这份爱上加一个期限，我希望是一万年！"可惜这个世界上，从来没有重来一说。在能够拥有的时候，不好好珍惜，留下的只能是遗憾。

周迅是我很欣赏的一位女艺人，她是《橘子红了》里隐忍的小媳妇秀禾，是《大明宫词》里我见犹怜的小太平，是《人间四月天》里的民国才女林徽因，是《画皮》里让男人方寸大乱的狐妖小唯。

她也是一位懂得珍惜爱情的女子。她爱窦鹏，可以抛下在杭州的写意生活，跟着他到北京过艰难的北漂日子；她爱李亚鹏，可以背负第三者的罪名，勇敢地对媒体说"他满足了我对男人的所有想象"；她爱李大齐，可以在颁奖典礼上落落大方地告白。杨澜曾问过周迅："你吃了那么多亏，想改改吗？"她说："不想。既然勇敢和坦荡在大多数时间里都是那么美好的两个词，我为什么要去改变呢？"

想爱就全力去爱，哪怕最后痛彻心扉，但你依然拥有一份美好的回忆，想起曾经为他哭为他笑的时光，你一定会面带微笑。

电影《美国丽人》里说过一句话："我们要学会珍惜我们生活的每一天，因为，这每一天的开始，都将是我们余下生命之中的第一天。除非我们即将死去。"与其每天战战兢兢地想着自己在未来的某一天将要失去亲人、爱情、青春、健康，不如好好珍惜当下的生活。

安全感不是别人给的，是自己给自己的

看过江苏卫视的相亲节目《非诚勿扰》的观众会发现，每次节目里出现频率最高的词就是“安全感”。最近，这个词似乎很流行，很多朋友都在朋友圈里抱怨说自己很焦虑，没有安全感。前天我收到了一位网友的来信，也是在谈论这个话题。

她写道：“以前跟男友的感情很好，后来他调动了工作，一直很忙，没有时间陪我，我又因为一些因素辞去了原来的工作，在家闲着。慢慢地我发现我变得越来越焦虑，越来越没有自信，总是喜欢胡思乱想，怕失去他，总是特别害怕，而且现在只要一说到这个问题就想哭，也跟男友说过好几次，他也理解我的感受，但是没办法，只能尽量抽出时间陪我，我也知道这样不好，会伤感情，每次对他发完牢骚后我都特别后悔，但是有时候又控制不住，就是心里面很没有安全感，很怕失去他，不知道该怎么办。好像每天都很焦虑，加上长期失眠，感觉整个人都快崩溃了。”

心理学上这样定义安全感：对可能出现的对身体或心理的危险或风险的预感，以及个体在应对处事时的有力感，主要表现为确定感和可控感。换言之，安全感是一种感觉、一种心理；是来自一方的表现所带给另一方的感觉；是一种让人可以放心、可以舒心、可以依靠、可以相信的感觉。

我们每个人来到这个世界上，为了摆脱孤独感，都在积极地寻求安全感，不过大多时候我们走错了方向。我以前也和这个女孩一样，觉得只要找一个很爱很爱我的男朋友，就可以获得安全感了。但是我很快就发现，自己的情绪完全被他控制了。如果哪天，他体贴我，照顾我，送我礼物，我就会很开心很幸福，但是若是哪天照顾不周，我就一个人生闷气，对自己的处境惴惴不安，毫无安全感可言。

后来我才发现自己错把目光放在了“外部”而不是“内部”。有一段时间，我在网上认识了一位年轻漂亮又事业有成的女孩，她在一家外资企业工作，上班期间忙自不必说，下班了也还有各种推脱不掉的应酬。虽然她的忙碌让她少有时间陪伴老公，但是她却觉得，自己无论如何都不会为了陪伴老公而放弃自己的工作。

我也替她担心：“你这样成天忙自己的事情，不陪你老公，你不怕他被人拐跑么？”她说：“安全感不是男人给的，是自己把握的，爱情不是从属关系，恋爱中的女人也要有自己独立的生活。决不能为爱他而不惜践踏自己的尊严、不惜牺牲自己的生活乐趣。无论多久没有与爱人见面，我也不会牺牲自己去取悦他。”

即便是在和老公的热恋时期，她也依旧和闺蜜们打得火热，完全没有重色轻友。同时她还维持着自己的爱好，给自己充分的自由独立的空间和时间。比如，她常常在咖啡馆里待半个小时，来一杯咖啡，再或者约几位知心好友聊聊闺房私密话。

她说过的一段话让我很感动：“生活里除了工作、爱情还有很多，我必须给自己一点时间让我自己回到真实的生活里。在除了男人之外的生活里，我似乎比和老公在一起更觉得有安全感。毕竟男人可能会背信弃义，可是我的爱好，我的事业永远不会背叛我。”

很多人尤其是女性，都希望在爱情、婚姻里寻觅一个拥有坚实的臂膀，能够给自己安全感的人。但实际上，另一半是不能真正带给你安全感的。因为谁也说不定哪一天山盟海誓成空，天长地久的诺言只是一片虚无。能给你安全感的不是男人，而是你自己。

台湾情感作家张小娴对心理学很有研究，她说：“无论女人看起来想要什么，归根究底她要的是很多很多的爱跟很多很多的安全感。关键在于‘爱与安全感’到底从哪里来？有些人觉得来自男人、婚姻，但我始终认为希求他人，你注定会失望。有时候爱与安全感可以通过女人自己的努力来创造和收获。”

一直浸泡在安全中是最不安全的。因为如果你太依赖某个人，它会成为你的习惯，当分别来临，你失去的不是某个人，而是你精神的拐杖。

对于当代女性来说，无论你是拼杀职场还是回归家庭，想要拥有安全感，都必须依靠自己的努力奋斗。当你的内心足够强大之时，无论处于什么样的困境，遭遇什么样的变故，你都能轻松应对。而如果你的内心像上面那位给我写信的女孩一样脆弱不堪，那么即使你遇到了一个很爱很爱你的人，你也依旧没有安全感。

爱情中的安全感要靠自己给，工作、生活、学习中的安全感也是如此。把希望寄托在别人身上，总有一天会失望，最可靠持久的安全感是自己给的。

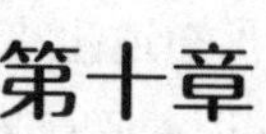

第十章

未知焦虑
——你所担心的80%
都不会发生

老是会想到死——死亡焦虑

网友“情牵一世”在豆瓣上写道：“我知道生老病死是自然规律，每个人都会死，谁也无法抗拒。可是一想到某一天自己将在世界上消失，还是恐惧得要发疯。”

美国心理治疗大师亚隆说：“死亡是人生的背景音乐，死亡焦虑是一种永久的心理负担。”美国著名的精神病学大师欧文·亚龙也说：“对死亡的恐惧、自由、孤单和无意义感这四个基本事实是人类的根本宿命。”

朋友徐震是一家互联网公司的项目经理。有一次，他约我去喝下午茶。我问起他的近况，他摇了摇头，苦闷地说道：“以前，我工作兢兢业业、心无杂念，但是近一年来，却陷入极度的痛苦之中，因为死亡的噩梦总是缠着我不放。我真害怕有一天死神突然出现在我的面前。”

作为朋友的我很担心：“你是从什么时候出现这种状况的？”

他告诉我，他很小的时候就对死亡产生了恐惧心理：“上小学一年级的时候，有一天晚上我和爸爸一起看一部战争片，当时敌我双方正在激烈交火，枪林弹雨中，很多人倒下了。战后，烽火依旧弥漫，只是阵地上多了许多死尸，场面非常惊悚。我看到之后浑身颤抖、哇哇大叫，我妈赶紧把我搂进了怀里，安慰了好久我才回过神来。后来，我到小伙伴家里玩，无意中看到了电视机里播放的僵尸片，又吓得脸色发白、满头是汗。从此之后，只要一想到死人，我就浑身战栗。”

“那后来应该好些了吧？”我问。

他再次摇了摇头。原来，他工作以后整日忙忙碌碌，没有时间想太多的事情，对死亡的恐惧也就慢慢淡化了。不过就在一年前，他的儿子出生后，他发现自己对死亡的恐惧依然存在。“事情源于老婆在医院生产的那天，我站在产房外面，听到许多孕妇生产的叫喊声，心里十分紧张、害怕。不过好在老婆顺利生产了。可是，在同一时刻，隔壁的一位高龄孕妇不幸难产死去了，我吓得浑身冒冷汗。”

“原来是这样。”

“还不止这些呢！这件事情刚过去没多久，我们公司里一位30岁不到的软件工程师在马桶上猝死，他倒在马桶上的样子我一辈子也忘不了。他还没结婚呢，就离开了。生命太脆弱了，说不定哪天我也和他一样在工作的时候突然被死神抓走了。我们整天忙忙碌碌为的是什么呢？到头来还是摆脱不了‘死’的命运。”

他说，他现在不只害怕自己会突然死去，还会担心父母和老婆孩子突遭不测：“爸妈，没事别上街溜达，有车多危险。”“老婆，以后千万不要坐出租车，有事给我打电话，我接你。”“孩子感冒了要赶紧送医院，现在夭折的小孩太多了。”……他老婆说他担心过头了：“老公不要每天如履薄冰似的，想太多对身体不好。”

“过于焦虑确实不好。”我点了点头。

“我自己也意识到了这一点，可是越是克制就越是深陷死亡的念头中，无法自拔。你说我该怎么办？”

一旦清醒地认识到死亡的存在与不可回避时，我们每个人都会陷入焦虑与恐慌之中，只不过程度有深有浅罢了。

死亡焦虑最初源于人的原始求生本能。想象一下这种画面：一群原始人在一片茂密的森林里寻找食物，却不幸遇到了威胁他们生命的庞然大物，他们会出现什么样的反应？很显然他们会焦虑、会害怕，甚至可能会尖叫并四下逃窜。

除了求生的原始本能外，对“未知的世界”的恐惧感也促使人对死亡产生了焦虑感。这一点很容易理解，由于不知道自己会以哪一种形式接近死亡、不知道自己死后是上天堂还是下地狱，不知道在死亡的世界自己还有没有灵魂，我们总是对死亡充满了恐惧。

除了以上两种原因外，对人生的不舍和不甘也使人惧怕死亡。很多人一想到在不久的将来就要和自己的家庭、朋友、事业说永别，就心有不舍。其实，我也有这种心理，想想看，在本可以继续创造价值和追逐理想的年龄突然要和身边一切美好的事物说再见，怎能不忧伤呢。

适度的死亡焦虑，会让我们更加珍惜自己所拥有的一切，更加爱护自己的身体，更加努力地工作、学习、生活，并迸发出旺盛的生命力。但是焦虑过头了，就会和我的朋友徐震一样，整天疑神疑鬼、精神不振、无心工作学习、甚至抑郁成疾了。

朋友徐震最后问的那个问题，我当时并没有立即答复，我说容我好好想想吧。经过一个下午的思考，晚上我把我的想法发到了他的邮箱里，里面写道：

“第一招，自我放松。过度紧张、焦虑时，不妨先轻闭双眼，全身放松，做几次均匀而有节奏的深呼吸，反复地自我暗示‘不要着急’‘放松、放松’，几分钟后，情绪就会平稳。

“第二招，养成良好的生活习惯。夜晚不宜过量饮水，因为频繁排尿会增加觉醒，也会加重人的焦虑情绪；在睡前2小时内，不食用难以消化的食物，进食过多或空腹，都可能会妨碍睡眠；睡前避免进行过度兴奋的活动，如看恐怖或动作电影，听摇滚音乐，参加激烈讨论等；平时尽量少喝或不喝咖啡，因为咖啡中的咖啡因会刺激人的大脑，加重焦虑情绪。

“第三招，进行死亡体验。我曾在网上看过一篇新闻，说台湾某专科学校开设了死亡体验课程。课堂上，学生可以模拟写遗嘱、穿寿衣、拍遗照，同时接受殡葬人员为自己设置的入殓、封棺、掩埋等程序。这种死亡体验课程让学生们对生命有了更深刻的体会和解读，他们不再像以前那样害怕死亡了。死亡体验可以缓解死亡焦虑感，模拟一下自己的死亡场景，或许你对死亡就不那么恐惧了。

“第四招，让自己忙碌起来。人一闲下来就会胡思乱想，给自己找点事儿做。挑灯夜战写作业、在公司里忙得团团转，在厨房里跑进跑出总不会乱想了吧？还有就是多出去运动运动，多跟朋友们、同学们呆在一起，一起做事聊天，你总不会乱想了吧？总之，别老一个人呆着。”

叔本华说：“根本没有必要忧虑死亡，因为死亡是人生的终极目标和目的。”不管我们是开心还是忧虑，死亡终究还是会来的，所以，与其为未知的死亡忐忑不安，不如秉持一个观念：死就死，没什么好怕的。老天真的嫌我命长，要收回去，那就收吧，那是我的命，没有办法。如果时候未到，我会活下去的，我遵从天意。生老病死是每一个人都躲不过去的，不要焦虑，以平和之心待之吧！

一想起结婚就好烦——婚姻焦虑症

说来奇怪，最近一提到“结婚”这两个字，浮现在我眼前的不是一些拿着户口本到处相亲、找对象的“结婚狂”，就是一些摆了订婚宴、拍了婚纱照却临战脱逃的“落跑新娘”。当然了，比起声势浩大的前者，特立独行的后者更加博人眼球。

“佳期如梦”是我在微博上认识的一个网友，乐观开朗、热爱生活，每天都乐呵呵的。可是，有一天她却在私信上给我发了一个痛哭的表情。

“妹妹，怎么了？”

“我不想结婚了。”

“为什么？”

“是这样的，我和现任男友在一起两年了，感情甜蜜稳定。两个月前，他向我求婚，我本来不打算答应的。可是一想到他两年来对自己的各种好，我还是下定决心和他步入婚姻的殿堂。但是，当结婚的日子越来越近时，我却产生了一种无法言喻的恐惧和焦虑，变得郁郁寡欢，结婚前夕更是寝食难安。”

“结婚不是件大喜事吗？怎么还抑郁了？”我有些不解。

“结婚当天，我不到四点就起床了，望着镜中那个脸色苍白、眼睛红肿、蓬头垢面的女人，我突然感觉很陌生。你知道吗？那一瞬间，我仿佛看到了十年后的自己：一个身材严重走样、整天围着灶台打转、张口闭口都是柴、米、油、盐、老公、孩子的庸俗的黄脸婆。这简直让人无法忍受！”

几天后，我从她的微博里得知了她逃婚的消息。我并不意外，因为在此之前，她就已经对婚姻有所恐惧了。先是她身边的几位好友不幸福的婚姻生活让她倍感担忧：“她们惨痛的教训给了我一种感觉：婚姻就是一个陷阱。”接着她的母亲也在她耳边煽风点火：“结婚可是一辈子的大事，千万要想清楚，不要像我那样冲动，否则吃苦的是你自己。”

“婚姻太麻烦了，还是恋爱来得轻松自由。”于是结婚当天，她关了手机，一个人躲在咖啡馆里喝咖啡。

事实上，这已经不是她第一次逃婚了。后来她告诉我，有一次，她在婚姻登记处临阵退缩当了“逃兵”，还有一次，她在结婚仪式的前几天“开溜”。

随着婚期的临近，准新人不是越来越高兴，反而是越来越恐惧焦虑，甚至产生临阵脱逃的念头。这种症状其实就是我们经常听到的“结婚恐惧症”。不管你承认不承认，我们每个人或多或少都会有这种症状。

人之所以出现“结婚恐惧症”，原因繁多，不胜枚举。

有人担心“婚姻是爱情的坟墓”。这类人由于听说了太多失败婚姻的案例，对婚姻产生强烈的不信任感、失望感。我就经常听一位好友说：“‘灰姑娘和白马王子从此幸福地生活在一起了’，这永远只能存在于童话故事里。”

有担心“他或她不是我最爱的人”的。一位网友曾在自己的博客上写道：“虽然现在和他在一起挺幸福的，但是他是不是我的最爱呢？以后我要是遇上更好的该怎么办呢？老妈常说，婚姻是女人一生的头等大事，哎呀，我可千万不能出错呀！”

也有担心和他或她的家人合不来的。有人就曾经向我抱怨：“以后就要和他妈他爸住在同一屋檐下，我的各种小毛病肯定会暴露无遗，他们能容忍我吗？要是我们吵起来了该怎么办？我能过得愉快吗？要是家里有小姑子那就更不得了了。”

担心最多的是怕婚后不自由。没结婚的时候，想干什么就干什么，不需要向任何人吱声儿，但是结婚以后人身自由就大大受限了。比如，男人出门前要向老婆报备去了哪里，晚上还不能回来得太晚。女人就更不用说了，干不完的家务活儿，伺候不完的老公孩子。

还有担心结婚影响自己的工作和事业的。一些女孩子一旦结了婚，就得一边工作，一边煮饭打扫带孩子，劳累不堪。所以就有人说："生了娃，就是一黄脸婆，还谈什么理想呀。"

在婚前出现适度的焦虑、恐惧情绪并不是什么坏事，因为它至少表明你对婚姻是慎重的，对自己是负责的。但是过于焦虑以至于对婚姻失去信任就不好了，因为这样做很可能使自己与Mr.Right擦身而过。

前几天在网上看到一些网友们应对"结婚焦虑症"的策略，我觉得说得很好。如果你有"婚姻焦虑症"的话，不妨看一看，说不定就能从中找到你想要的答案。

网友"桃子"："在决定结婚前，加深对彼此的了解。比如，经常到对方家里坐坐，和他（她）多交流交流，了解双方的性格、工作、家庭背景等，清楚对方的优缺点，明确自己想要什么，是不是真的爱对方，不然以后追悔莫及。"

网友"山中智叟"："尽早为婚前婚后的生活做准备。在婚事的操办上，不妨把婚前需要准备的事情列个清单，双方分好工，这样会比较清楚。结婚以后不仅要和爱人生活在一起，还有和他的家人朋友打交道，提前花一些时间去认识和熟悉这些人，以免婚后感到紧张和不适。如果不会做饭、不会洗衣、不会拖地，婚后难免会焦虑重重。所以，赶紧向家人朋友请教做家务的奥秘吧！"

网友"轻舞飞扬"："在婚前要学会自我减压。我最喜欢打坐和泡澡了。随意在一个温暖房间的地板上盘腿坐下，手心向上放在膝盖上，想象从你的脊髓中延伸出一股像丝线一般的意念，从你的头顶向上升，然后慢慢抬起头，带动你身体的上半部往上朝着天花板，闭上眼睛，静静地呼吸。或者是在浴室中撒上你最喜欢的香水，在浴缸中放满热水，再放上一些舒缓的音乐，好好地呆在浴缸里泡个澡，也把你劳累的神经泡上一泡。运动也是舒缓焦虑心情的好办法，一边跑一边听音乐，既能让你放松精神还能让你减肥，一举两得对不对。"

网友"云淡风轻"："如果你怎么都闲不下来，而且一闲下来就难受的话，那就去做些比较机械、不费力也不用思考的事情吧，比如说把准备好的请柬放进信封，洗洗碗，擦擦桌子，整理你的收藏品，回味一下过去的时光。如果还是很焦虑，就多和好朋友以及家人聊聊天，谈谈心，获取心灵的慰藉，消除内心的胆怯。”

网友“一米阳光”：“降低你对婚姻的期望值。爱情和婚姻是不一样的，恋爱时大家可以无拘无束、随心所欲，但是一旦组建家庭，就意味着要承担责任，就意味着要尽好做丈夫和妻子的责任，就意味着双方要彼此包容、彼此支持、彼此谅解。婚姻是一条漫长而单调的路，但是无论遇到什么逆境，都不能首先就想到放弃。”

当然，有些人在过去的感情经历上受到过伤害，对婚姻的恐惧情结较为严重，这时候就要向专业的心理咨询机构寻求帮助了。

总之，婚姻是一双鞋，合不合适只有自己知道。如果你拒绝穿鞋，也许避免了因为鞋子不合脚而磨出血泡，但也可能因赤足行走而踩到钉子上。

天天担心自己生病——健康焦虑

前段时间，柴静的调查专题片《穹顶之下》引发了不少人对雾霾的强烈关注，一些网友们更是犀利地吐槽道："以前老是担心有人给我下毒，哈哈，现在百毒不侵啊！"

其实，威胁我们健康的又何止是雾霾呢？地沟油、毒奶粉、毒大米、瘦肉精、染色馒头、假牛肉、皮革胶囊、苏丹红……轮番上阵，可以说没有最毒，只有更毒。怪不得有人打趣说："卖豆芽的人不吃豆芽，卖豆腐的人不吃豆腐，卖猪肉的人不吃猪肉，卖鱼的人不吃鱼，卖鸡的人不吃鸡！"试问：生活在这样一个"触目惊心"的世界还有什么能让人放心呢？可见害怕自己得病还是有一定心理根据的。

不过，整天担心自己生病、疑神疑鬼、甚至没病也去医院躺着就有点儿不正常了。

一个月前，在医院做主治医师的朋友给我讲了一件奇葩事。

"有一天，一位二十来岁的男子满面愁容地找我就诊，我还没张口，他就对我说：'医生，我最近总是感觉自己的肺部疼痛，我怀疑自己得了肺癌。哎呦！我年纪轻轻的，要是得了癌症就惨了！您赶紧给我检查检查。'

"我很快给他做了一套详细的检查。检查完毕后发现他只是肺部有些发炎，并没有什么大问题。但是他还是不相信，缠着让我给他做一次全身扫描检查。我拗不过他，就给他重新做了一次扫描，结果显示他的身体很健康。

"然而，他还是不相信，说自己活不过3个月，要住院进行更为详细的检查。后来，他在医院住了半年多，仍然没有检查出什么大毛病来。"

这种对自身健康的过度焦虑在医学上也叫“疑病症”。患者通常只要发现自己身体一有点儿小毛病就开始疑神疑鬼，生怕自己得了什么大病。即使最后通过检查发现自己没病，依然会忧心忡忡。

心理学家指出，引发“疑病症”的原因有两个。一个是心理社会因素。比如，家庭不和，工作不称心，人际关系紧张，情感失去寄托，朋友交往减少，孤独，生活的稳定性受到影响，生活或事业上目标过高，缺乏安全感等都会促使人把注意力转向自己的躯体。

一些医生不恰当的言语，或者作出的诊断不确切，反复令病人做些检查，会引起患者的多疑，使他们产生自己患有某种疾病的信念。

此外，如果童年时期父母对自己不关心，生了病却百般呵护，也会使得一些人在遇挫折时用疾病替代挫折做“自我保护”。

引发“疑病症”的另一个原因是素质因素。这类患者性格敏感、多疑、主观、固执、谨小慎微，对身体过分关注，当身体出现不适以后，经常通过自我暗示或联想而怀疑自己有病。

担心自己的健康状况是热爱生命、热爱生活、对自己负责任的表现，这本身无可厚非，我自己就经常去医院进行身体检查，预防疾病的发生。可是，过于疑神疑鬼、一点小病就上纲上线，甚至没病也坚持认为自己有病就是一种不健康的心理状态了，轻则会让自己的身心状态都受到影响，严重者则会扰乱自己的正常生活。

怎样消减自己的疑病倾向呢？我总结了网上的一些方法，大家可以借鉴一下：

排除困惑。如果你总是担心自己有病，先去医院做个全面体检，了解自己的健康状况，也让自己放心。然后去挂个神经内科，找医生看一看是不是有焦虑症。当然，最好的办法就是定期到正规医院请权威专家进行全面检查。

宣泄情绪。有疑病倾向的人通常比较压抑。问问自己是否有压抑情绪，如果有，就合理地宣泄出来。比如，你可以找没人的空旷场地，大喊一通，或是跑上几圈。也可以向家人诉说心中的苦恼，找知己好友倾诉，让他们知道你真实的想法。不管心中有多少难言的苦楚，只要适当地进行宣泄，心情也能得到放松。

做到“四不”：不查资料、不乱求医、不要过分关注、不要太敏感。在没有专业医师指导的情况下，不要看有关医学卫生的书刊和其他宣教资料；改变四处投医问病的习惯，除非确实有某种疾病，才接受必要的医学诊治；杜绝经常自我注意、自我检查、自我暗示的不良生活习惯；只要不是器质性疾病，对自己身体上一切功能性症状和不适要抱着“听之任之”的态度。

转移注意力。老是盯着自己的健康状况只会使自己越来越紧张焦虑。不妨做一些自己喜欢做的事情，比如阅读、写作、绘画、书法、音乐、舞蹈、园艺、棋类游戏等。丰富的精神生活，它们会减少你的孤独、空虚和消沉感，淡化你对自身健康的关注和分散你对疾病的注意力。

每天坚持对自己进行积极的心理暗示，对改变情绪非常重要。比如，你可以不断地告诉自己：“检查证明我没有躯体疾病，我只是‘无病呻吟、庸人自扰’。”“感觉今天精神很好，很健康。”“我的身体很好，我没事。即使有病，只要吃药，就很快能痊愈。”长期坚持下去，就会在心理上消除疑病的顾虑。

最后，多想一想自己在工作、学习和生活中的角色和应担起的责任，多关心此时此刻自己所做的事情，并尽力把此时此刻的事情去努力做好。慢慢地你便不会像以往那样过分地关注自己，对自身健康或疾病过分担心，那么疑病心理就会自动消除。

下次当你再害怕自己得病时，记得仔细把它想一遍，然后对自己说，老是不停地害怕自己得病一点意义也没有，尽是自己吓自己，想过一次就好了，不要再去想它了。在这样做之后，你在内心感到更安全，比以往任何时候都会更有力、更自豪，而且更自信。

害怕自己很努力但还是失败——失败焦虑

在网上闲逛的时候，遇到了一个前来寻求心理帮助的小妹妹。她说，自己最近生活颓废，想寻求改变但总是失败，想下定决心却又怕自己坚持不下来，坚持一段时间又怕没有成效。

我问她从什么时候开始出现这种情绪的。她说是从去年考研失败起才有的。

“自从去年三月份拿到考研成绩，知道自己无缘进入初试以后，我就一直郁郁寡欢。现在，工作也懒得找，每天在家里睡到中午才起床，一待就是一整天，哪儿也不想去，谁也不想见。今年三月份，眼看着考研之战又将打响，我知道自己现在迫切地需要改变心态，改变生活方式生活习惯，不再懒惰，不再因为考研失败就否定自己。可是不知道为什么，三个月来每天就像恶性循环一样，早上不起晚上不睡，拿起手机就查询关于心理学考研的资料，刚查了一半又果断放弃。这种状态，别提考研了，小事都做不好了，再这样下去，父母伤心，男友估计也受不了了。他去年和我一块儿考研，他考上了我落单了。现在他鼓励我继续考研，可是我很害怕。如果能考上还好，如果辛辛苦苦了大半年再次失败，估计我就彻底站不起来了，我真讨厌现在的自己。”

一件事还没开始做就担心自己这不行那不行，这位小妹妹无疑患上了“失败焦虑症”，或者也可以说是“失败恐惧症”。所谓失败恐惧，医学上的定义是指个体在活动中未达到预期结果而遭受挫折后，对自己今后的处境产生的一种不安、惊慌的消极情绪状态。强烈的失败恐惧可导致神经功能的紊乱和内分泌功能失调。

心理学家认为，个体出现严重的失败焦虑和恐惧往往来源于早期不良的家庭教育。有严重的失败恐惧症的人在幼年的时候经常会遇到这样的情况：在学业上获得了较好的成绩，但是父母却反应平淡，而某次考试失败，父母又会大动肝火，严厉惩罚自己。在这种家庭中成长的孩子，内心总是会出现一种不被接受或者不被认同的恐惧感。

不科学的心理归因也是一些人对失败产生焦虑、恐惧心理的重要原因。在这些人的脑海中，存在着一个“简单化一”的信条：“如果我在这件事上失败了，那我在所有事情上都会失败。”换句话说，只要出现了一点失败就会全盘否定自己之前的所有努力，甚至否定自我。

虽然，有“失败焦虑症”的人一般都会有意识地规避风险，努力争取好的结果，做事也更为细致，以求完美。但是同时他们也会陷入焦虑、拖延、懒散、缺乏动力、甚至丧失行动力的境遇之中。比如，一些失败焦虑症患者内心非常想要获得成功，但同时非常惧怕失败，以至于到最后他们干脆选择了放弃。

患上“失败焦虑症”就像得了重感冒，虽然一开始会很难受，但是只要我们积极调整（多休息、喝热饮、穿暖一点儿），通常都会好起来的。

1.端正你的心态。

治愈“失败焦虑症”，最为关键的一步是要正确认识失败。正如雨果所说：“尽可能少犯错误，这是人的准则，不犯错误，那是天使的梦想。尘世上的一切都是免不了错误的。”在成长的道路上，每人都会面临失败，这是不可避免的。

失败也不是什么大不了的事。美国前总统林肯曾说过：“此路是如此的破败不堪又容易滑倒，我一只脚打滑了，另一只脚也因此站不稳，但我回过神时，我就告诉自己，这只不过是滑了一跤，并不是死掉，我还能爬起来。”

失败让人成长，有位哲人曾说："错误同真理的关系，就像睡梦同清醒的关系一样。一个人从错误中醒来，就会以新的力量走向真理。"我们所要做的便是在错误中改正，在错误中成长。

2.未雨绸缪、有备无患。

你在做事之前，总是幻想着自己的失败场景，这可能与你先前经常性失败的心理创伤有关。想要逆转局面，你最好的办法就是在做事之前重新审视自己的准备工作。比如，尽可能把你的目标细化，为各个阶段的目标设定时间限制，预测过程中可能出现的挫折，并为将要发生的一系列问题预留解决方案，然后扎实地付诸行动。

3.释放你的压力。

为什么才华洋溢的歌手，在排练的时候表现得完美无缺，正式登台时却失误连连？压力愈大时，人愈有可能过度分析自己的行动，结果很有可能使自己走向失败。平时多参加有益的户外活动，比如跑步，健身、游泳等可以很好地释放心理压力。你也可以尝试深呼吸，让自己在短时间内尽快放松下来。

很多人惧怕失败，还有可能是因为内心的恐惧情绪长久得不到释放。大胆把你的失败经验告诉身边的亲人、朋友，你会在第一时间获得他们给予的情感支持。同时他们会帮助你分析失败的原因，进而让你更快地从失败中吸取一些经验教训，帮助你继续往前走。你也可以把自己的失败经历写进日记或博客，这也可以帮助你宣泄负面情绪。不过你要记得多写点乐观的评论加以平衡就行了。

4.自我解嘲。

自嘲是疗愈"失败焦虑症"的有效方法。当你尝试着从失败中找出笑点并笑谈自己的恐惧时，你的大脑就很少会以自我破坏的方式来表达恐惧。比如，面对失败时，不妨对自己说："傻瓜，你掉坑里了，怎么能出现这种低级错误呢？还是太年轻了。"

如果你还是害怕自己会失败，不妨和自己周围的朋友一起做一件事，让他们来监督你走下去。慢慢的，这种外来监督就会转化成自我监督，每当你准备逃跑时，告诉自己：不要放弃。

送给你最后一句话："勇于接受各种挑战，不放弃任何尝试的机会。只要你能够大胆地去做，或许就成功了一半了。即使最后失败了，也是一次历练，也是一次经验的积累。"

谁的青春不迷茫——迷茫焦虑

“我很焦虑，非常焦虑，十分焦虑。”《奋斗》里的这句经典台词用在刚刚毕业没几年的年轻人身上是再合适不过了。

最近我收到了几位年轻读者的来信，拆开一看，咦，不得了，满纸迷茫情绪，浓得化不开了。

小A：“我今年23了，刚毕业，没车没房。我有个女朋友，跟我在一起同居3年多了，她家里我都一直不敢去，因为我身上只有几万的积蓄，她家里是很要面子的。我女朋友倒没抱怨过什么，但是我觉得我好对不起她，跟我在一起这么久了，我却什么都不能给她。现在什么生意也不好做，打工工资又低，房价又这么贵，我到底该怎么办，经常想这些想到失眠，我好累，好迷茫。”

小B：“我工作2年了，可是觉得自己一直都是在混日子。每个月的工资只能解决个人温饱和开销。现在我又想换工作了，但是又不知道做什么。偶尔我会想着找个男友，然后结婚，平平淡淡地过日子。但是，我又不甘心这样的平庸一辈子，总想趁着年轻闯闯，但我又没有目标，不知从何开始。感觉自己现在除了青春一无所有，好无助啊！”

小C：“我刚毕业的时候做的是销售，后来工作了好几年，感觉不行，就转行了。我现在是一名普通的网络管理员，虽然报学网络工程师课程了，但感觉自己并没有提高多少，是因为自己努力不够吗？我的短期目标是网络工程师，打算围绕它先写一个短期计划，然后再写长期计划。但是我不知道该如何安排好时间，毕竟变化大于计划，现在我都不知道该怎么写了。一直这样下去，我的人生也许就真的玩完了。”

心理研究发现，年轻人之所以会迷茫主要有这几种原因：

1.选择焦虑。现在这个社会五光十色，每个行业上都有令人艳羡的佼佼者，面对各种诱惑，很多刚踏上社会没多久的年轻人内心浮躁，想做这又想干那，想要的很多却搞不清自己真正想要的是什么，于是陷入了选择焦虑之中。

2.标准被打乱。上学的时候，父母老师给我们定下的标准是，好好学习，努力考高分，考名牌大学。但是进入社会之后，很多人都会发现，自己以前遵循的标准并不是唯一的，结果不知道遵循什么标准好了。

3.梦想与现实的强烈反差。想必很多人都有切身的感受，年少时脑子里塞满了很多美丽的梦想，但是一踏进社会，各种现实扑面而来，美好的泡沫被击碎了。由于对自身前途充满了不确定感、恐惧感、绝望感，不少年轻人产生了焦虑不安的情绪，有的失眠、有的食欲减退或暴饮暴食，有的出现抑郁情绪，甚至有的出现了自杀的倾向。

畅销书《谁的青春不迷茫》的作者刘同说：“在20岁到30岁这十年的过程中，我们都走过一样的路。你觉得孤独就对了，那是让你认识自己的机会。你觉得不被理解就对了，那是让你认清朋友的机会。你觉得黑暗就对了，那样你才分辨得出什么是你的光芒。你觉得无助就对了，那样你才能明白谁是你成长中能扶你一把的人。你觉得迷茫就对了，谁的青春不迷茫。”

在20岁出头的年纪，迷茫并非坏事，处理好了也能有收获，关键是如何对待和选择，不要在迷茫中迷失。

我给上面的两位读者写的建议里，开头的第一句都是相同的四个字：“了解自己。”很多人都自以为对自己很了解，其实不是。大部分人并不知道自己喜欢或适合做什么，他们只是盲目跟风或者是四处漂移。我身边就有很多朋友做着自己并不喜欢的工作，整天怨声载道的，他们的未来也很让人担忧。

我觉得，不管是谁，最应该做的，就是了解自己，而且是深入了解自己。问问自己："我是什么性格？我想要什么？我想要干什么？"如果一个人不深入了解自己的内心，不知道自己要什么，想不迷茫都难。

知道自己想要什么，还要有规划。我记得有人说过一句话："一百个人中有两个人清楚自己的一生要的是什么，并且有可行的计划，并有力地实施，他们都是各行业的领导者。"

爱因斯坦在进入苏黎世联邦工业大学后，曾写了一份人生规划书："我用四年的时间学习数学和物理，我希望自己成为自然学科中某一些学科的教授，我将选择理论性学科。我制定计划的理由：我喜欢抽象思维和数学思维，缺乏想象和对付实际的能力。其次，这是我自己的愿望，它激励我做出类似的决定，以考察我的毅力。另外，科学工作很有独立性，这很适合我意。"

一般来说，制定人生规划要经历以下几个步骤：

1.列下实现目标理由。这一点和前面讲到的"了解自己"很相似，这里不再赘述。

2.设下时间限制。如果你想做一件事情，一定要给自己划定好时间，比如，你想坐到公司经理的位置上，你打算用多长的时间实现你的目标，是半年还是两年甚至十年？一般人如果没有时限来让自己集中注意力的话，很难检查出自己在不同时间段到底做到什么程度了。

3.列下实现目标所需的条件。自问："我需要成为什么样的人，才能达到目标？"很多人想成功，却不清楚成功者所具备的条件，这是很危险的一件事。前面的网友小C想成为网络工程师，但是他对实现目标所需的条件显然很模糊，所以最后他只是简单地报了一个网络课程，并且学得也不怎么样。其实，不管你做什么事情，事先都要对其有所了解。比如，你想考北大新闻系的研究生，你事先得知道北大新闻系的考试内容吧，你还得了解北大新闻系初试和复试大概的分数线吧。只有明确知道它的录取标准，你才有可能达到它的要求。

4.写下你目前的不足之处。在纸上列下你不能实现目标的所有原因，并从大到小依次排列。然后看看哪些是你目前通过努力就能解决的，写下解决方案，并立即采取行动。

5.做一个具体的时间表。比如，你决定在三年之内当上公司经理，那么你最好列下你今年要做到什么程度，明年要做到什么程度，甚至细化到你每个月、每一天要做些什么事情。

“新东方”创始人之一徐小平曾经说过一句颇有哲理的话：“人生没有设计，你离挨饿只有三天。”这话虽然有些夸张，但是面对日益激烈的市场竞争，“做好人生规划”确实迫在眉睫。

有了规划之后，就要马上采取行动。虽说是谁的青春不迷茫，但你迷茫的原因往往只有一个：那就是在本该拼命去努力的年纪，想得太多，做得太少。

至于成功与否，我只想说一句话：“车道山前必有路，船到桥头自然直。”在20多岁刚进入社会的时候，你是一个候补队员的角色，甚至连候补队员都算不上。到了30岁，你可能就成了一个候补队员了，到了40岁，你或许就可以在足球场上自由踢球了。所以，内心要平静，不要急功近利。

最恨各种延误——等待焦虑

虽然这是个效率至上的时代，但是有趣的是，我们总能看到各种延误事件："飞机又晚点了！""公交车怎么还不来？""我要的菜怎么还不上？你们经理呢？""哥们儿，我等得黄花菜都凉了，你咋还不露面呢？"飞机误点之后，旅客就开始微博开骂了；公交车还不来，上班族就开始跺脚了；餐馆上菜慢，食客们就开始火山爆发了；约会对象还不现身，等待的一方就不高兴了。即使平常温文尔雅的人，等得不耐烦了，也会像小孩一样失去耐心。

在贴吧里，有人曾这样描述自己的等待过程。

"在站牌等公交车，恨不得马上就等到要坐的车，等待超过5分钟，开始焦躁不安，变得心烦意乱，就算是接下来没有什么要紧的事要做，纯粹是等车下班回家也会焦虑，莫名其妙。如果上了车，下面还需要赶去什么地方，更别提了，开始着慌，杞人忧天式地不安，恨不得一下就到站，马上去干另一件事情。"

"与朋友约好了在某个时间去逛街或是聚会，过了点他还不来，或是过了点我还堵在路上，焦虑就又开始了。我早到的时候，老是在想他啥时候到；我晚到的时候，心里会有个声音不停催促，说'晚了晚了'，即使朋友很谅解，都说了不用着急赶过去，还是会焦虑，真是多此一举又无法控制地焦虑。"

"去买什么促销的商品，人家说卖完了，等下次或等有货给我打电话之类的时候，心里也会焦虑，恨不得马上就能买到，觉得等待的那段时间很抓狂，还会瞎想：他会不会给我打电话通知我呀，会不会不搞活动了他是敷衍我之类的。总之，为不该操心的也焦虑，对等待没有耐心。”

相信大家都有过漫长地等待一件事的经历，等待过程中大家是不是很焦虑呢？我就有好多次因为等不到公交车而郁闷不已。“等待”是盼望自己所期望目标的一种状态，是一种正常的心理现象。但是当这种盼望达到了一种“煎熬”的程度时，我们就称之为“等待焦虑症”了。

憎恶等待，是人之常情，因为等待本身不仅是一个非常枯燥无聊的过程，还意味着时间流失、经济损失。不过只要在等待过程中给自己找些事情做，转移一下注意力还是能有效缓解内心的焦虑情绪的。

英国伦敦大学心理学教授艾德里安·弗恩海姆博士，针对人们在等待时所面临的焦虑情绪，曾提出了几点建议。我看完之后觉得很有价值，就抄录下来了。

1.让人有事可做。

“在等待的时候，要让人有事可干，或者分散注意力，就会觉得时间过得快。可以让他们在迷宫似的弯路中排队，例如排长队时用栏杆引导大家‘打蛇饼’，让人们一边排队一边看电视、听音乐。”

这个方法其实就是在转移人的注意力。心理学中有一句谚语：“你之所以焦虑是因为你还有时间焦虑。”“等待焦虑症”会使我们倍感时间的停滞，这种时间错觉会进一步加重我们的焦虑。这时候最好给自己找点事儿做，比如在航班延误、公交车迟迟不来的情况下，看看书、读读报纸、听听音乐、玩玩游戏或者是看看周围风景。现在国内不少城市的公交站、飞机场、火车站都有报亭，如果你闲得无聊，不妨拿上几份报纸、杂志边看边等。

除了因为航班延误、火车晚点这样的延误事件而被迫等待以外，生活中我们还会面临很多“长期”等待，比如等考试成绩、等录取通知书、等证件办理甚至等待某人，这时候，不妨放松心情，该做什么就做什么，必要时找人聊聊天、出去走走。总之，不要老是想着你要等的事情。

2.告诉人们还要等多久。

“不确定性会令等待的时间感觉变长了，因此可以告诉大家还要等多久，大家就会比较老实。地铁就很懂这一点，告诉站台的旅客下一趟车还有多少分钟到达。这种预告不一定要很准确，只需要让人知道服务仍在继续便够了。”

有人看到这里可能会很奇怪：“这跟我的等待焦虑有什么关系？”其实，我想说的是，等待是一个相互的过程。就好比别人迟到了，你会焦虑，你迟到了，别人也会烦躁一样。要缓解彼此之间的焦虑，就必须要尽早告知对方你什么时候会到，好让别人有个盼头，如果你到不了的话，也要提前告知，而不至于让对方傻乎乎地等待。

3.用保证和解释来稳定人心。

“焦虑会让等待变得漫长。人们暗自担心：‘车还会来吗?’‘我能赶得上会议吗?’解释和保证能稳定人心，比频繁的道歉更管用。‘爸爸，爸爸，我们还有多久才到?’爸爸自信地说：‘快了，马上就到了!’突发而没有任何解释的等待是最糟糕的。‘您的航班晚点了，我们真诚地向您道歉……’这是不够的，还要说得出具体的原因。”比如，如果你和朋友约好一起吃饭，但是你迟到了，或者是不能去了，一定要尽快解释原因，宽慰对方的情绪。

拥挤的城市、烦躁的人生，不在这里排着，就在那里堵着，“排队”“等待”对于我们，是既司空见惯又是让人烦恼不已的事。但是，所有的一切都会过去的，所以对住在心里的那个焦虑的小孩说：“Take it easy，everything will be OK。”慢下来吧！

别人怎么看我——身份焦虑

在微信朋友圈里，我们似乎总是能从某位朋友的动态中看到这样的信息，比如：“今天太开心了！我升职了！”“明天我要出国旅游啦！”“今年收入还不错，赚了很大一笔。”“谢谢五星级酒店的招待。”在点赞、祝贺之余，你的心里可能酸酸的，尤其是你长期没有升职、没有加薪，整天劳累如狗，根本没有休息时间，更别说出门旅游的时候，那酸酸的感觉会更严重。长期处于这种被他人压制的氛围中，你的自信心也会随之动摇，并开始焦虑起来。

网友小土豆最近就深陷焦虑之中。

“我有个大学同学，天天在朋友圈里炫富，真让人受不了！大家都来围观她都发了什么吧。‘今晚去听歌剧，一个人好寂寞。’‘今天收拾房间，发现上周画的油画只画了一半，要不要画完呢？’‘今年暑假，我要去趟巴厘岛，多拍些照片。’‘今天住宿上海希尔顿酒店，通过红酒杯看夜幕下的上海真是太有意境了！’都是一个学校毕业的，我现在月薪才三千，每次在微信上发的不是自己正在加班，就是钱又快花完了，她会怎么看我？我要崩溃了！”

“在他人眼里，我是个成功者还是失败者？”每个人的内心都暗藏着一种难言的焦虑，这就是身份焦虑。著有《身份的焦虑》一书的阿兰·德波顿对身份焦虑有过一段十分形象的表述：“身份的焦虑是我们对自己在世界上地位的担忧。

我们的自我形象就像一只漏气的气球，需要不断充入他人的爱戴才能保持形状，而他人对我们的忽略则会轻而易举把它扎破。唯有外界对我们表示尊敬的种种迹象才能帮助我们获得良好的自我感觉。”

阿兰·德波顿对引起身份焦虑的原因进行了较为细致的研究。经过认真阅读，我认为主要有以下几种：

1.对身份的渴求。每个人的内心深处都渴望被关注、被关怀、被赞美。人在社会化过程中如果不被群体关注，就会认为自己没有了存在的价值。同时，人对自身价值的判断与生俱来拥有巨大的不确定性。所以，我们对自己的认识很大程度上取决于别人的看法。

2.势利倾向。在鲁迅的小说中，祥林嫂为了获得认可不得不“捐门槛”，其实就是担心别人看不起自己，被人忽略、受人白眼。但是很多时候，我们根本无力改变势利者对自己的歧视。

3.热衷攀比。虽然有时候我们的生活状态还说得过去，但是如果我们身边的朋友更优越，更有成就，那我们的焦虑只会加深，会固执地认为自己应该取得更大的成就。

4.精英崇拜。从幼儿园的小红花，到小学的红领巾两条杠，到中学学生会干部，再到名牌大学、上市公司，人们从小就被灌输这样的精英崇拜思想。“那些杰出的人一定会迈向顶层，而只有懒汉们注定要终身在贫困线上挣扎。”此类观点的广泛传播，使得处于社会中下层的人们更加焦虑。

阿兰·德波顿认为，人们对身份的在意，在本质上是为了满足内心对“爱”的渴求，他在《身份的焦虑》一书中写道：“获得他人的爱就是让我们感到自己被关注——注意到我们的出现，记住我们的名字，倾听我们的意见，宽宥我们的过失，照顾我们的需求。因为这一切，我们快乐地活着。”

对身份地位的渴望，具有很多积极的作用，比如，能激发人的潜能、阻止离经叛道的有害行径。然而盲目地追求他人的爱和关注，也会让我们在无形中变得越来越依赖，进而丧失真正的自我，并深陷身份焦虑的泥潭中，无法自拔。

阿兰·德波顿在《身份焦虑》一书中，曾提出了几种解决方案。第一种是用哲学来武装自己。他认为，主流价值体系有时候会蒙蔽人的心灵，人应该遵循自己内心的良知，而不是盲目地遵循来自外部的赞扬或谴责。这一点其实很好理解，问问自己真正想要的是什么？

一旦认识这个世界和人生的意义，你就可以尽可能地避免受到外界环境的影响，尽可能地坚持自己的想法。

第二种方法是求助于艺术。他说，整个艺术史都充满了对身份体系的不满，学习艺术可以帮助我们解决掉种种隐藏在心灵深处的紧张和焦虑。如果你的视野过于狭小，很容易就会被世俗的价值标准所同化，陷入身份焦虑之中。这时候不妨发展多种兴趣爱好，特别欣赏些艺术的东西，你会发现，世界上并不是只有一种方式，才能证明生活的成功。

我经常能到这样一句话："比较得来的幸福。"的确如此，虽然有时候和周围其他人的比较，能够帮助我们找到自己的不足，促使自己朝着更好的方向发展。但是更多的时候，这种盲目比较会加重我们的身份焦虑感。所以，多和自己的昨天比较吧，以进步的心态鼓励自己，帮助自己树立坚定的信心。

为身份焦虑的时候，请记住：判断一个人的生活或人生是否成功和幸福，不能完全以拥有金钱或物质的多少为标准。我们的婚姻是否美满，家庭是否和睦，人际关系是否和谐，要远远比物质的多寡，更能影响我们的幸福感。

第十一章

期望焦虑
——别想着去控制一切

总担心宝宝会不健康——孕期焦虑

一怀孕就辞职养胎，却越养越不舒服：自己买来胎心仪，在家没事就数胎动，有点不适就慌了神上医院：明明宝宝健康，却死活要喝药“保胎”；以前脾气温和的“淑女”，却常常因为一点小事对家人狂发脾气……

前天临近下班的时候，接到了从前室友的电话，电话里她对我讲，她下个月就要生产了，可是现在整天忧心忡忡的，希望我能够去看看她。挂断电话，我有些担心，因为电话里她的语气显得很低落。

所以不顾周末想要睡个懒觉的念头，一大早我便搭乘地铁，晃晃悠悠两个多小时，终于来到室友居住的小区。

给我开门的是室友的母亲，看见我来阿姨很热情地拉着我进了屋，给我泡了杯茶之后便回了房间，给我和室友留下了谈话的空间。

室友的皮肤很白皙，长相漂亮、脾气温和，简直是人见人爱的“甜心”。去年，他丈夫陈先生打败了诸多“竞争对手”，终于抱得美人归。结婚后，室友很快怀孕，记得当时她怀孕的时候还特地给我打来了电话，让我等着吃她宝宝的满月酒。隔着电话，我甚至能感觉到她一脸洋溢的笑容。

可是如今再见到她，她却显得很憔悴，脸上一丝微笑也没有。她和我说，她怀孕的前两个月，公司的皮料仓搬到她们所在的大办公室了，每天都可以闻到刺鼻的皮料染色剂的味道，她却无处可逃，后来只好借年前的机会，提前请假回家过年。可是心里一直都焦虑，那两个月的空气，会不会导致孩子发育畸形？

回老家过年的时候又得了重感冒，曾到老家县城医院看过，医生开了些感冒药回家用，用了几天才注意到说明书里竟然写着“孕妇禁用”，吓得赶紧扔了，至今心里还在打鼓，用了那些天的孕妇禁用药，对孩子会有影响吗？

年后，向单位请了长假，一直在家养胎，由于担心宝宝的健康，室友就自己买来胎心仪监测宝宝的心跳，稍有不规律就往医院跑，尽管孩子没事，但她回家后总是惊魂未定。想来想去不放心，她又到一家医院开了保胎的中药天天喝。

唐筛和四维都没问题，但是每当她看到宝宝不健康的帖子、视频、新闻，就会想自己的宝宝会不会有问题，畸形或者弱智？还有一个多月宝宝就要出生了，本来心态已经调整得好一些了，可是最近两天在小区接连看到两个智力有问题的小孩儿，忽然感觉压力好大，回来就不停担心，万一自己的孩子不健康以后可怎么办啊。

室友拉着我的手，说着说着，眼泪掉了下来。她说她也不知道最近自己怎么了。

孕期焦虑是一种心理变化。即将成为“母亲”的女性，心情错综复杂，文化层次较高的女性更为突出。有些孕妇脾气变坏也有疾病的原因，60%～80%孕妇因为肠胃不适。甲状腺功能亢进，表现出的多汗、烦躁、心悸等症状，也促使孕妇脾气变坏。孕期焦虑的另一个重要原因是孕妇对相关知识缺乏，不知道该吃什么食物、不知道怎样才能让让孩子健康发育、甚至担心生产时的痛苦，等等。很多人只知道产后抑郁症，其实，孕期焦虑也已成了普遍现象，不容忽视。

有高级心理咨询师分析，80后、90后的准妈妈们大多是初产妇，而且多是独生女，一方面她们自己过度关心腹中孩子的健康和安全，加上电视和文学作品中对生产时痛苦的夸大和渲染，让她们恐惧生孩子。孕妇的产前焦虑情绪，有很大一部分来自于父母和公婆的过分担心。父母和公婆的这种紧张很容易传染给准妈妈，容易加重她们的心理负担，严重的还可能引发早期流产。

再谈谈上面提到的另一个重要原因——相关知识缺乏。享受着丰裕物质条件长大的年轻女性在跨过了工作坎和结婚坎后，在孕育问题上遭遇了新的困惑。她们对怀孕不了解，恐惧剖腹产；她们不知道该如何照顾自己的身体，才能让宝宝得到最好的发育。怀孕焦虑症正在成为威胁下一代的头号杀手，一个将要出生的小天使极有可能因为妈妈的原因而出现生理缺陷。这是由于准妈妈因焦虑内分泌发生变化，释放出的化学物质通过血液经胎盘传递给胎儿，胎动频率、强度会成倍增加，影响胎宝宝的健康发育，使难产的概率增高。此外，过多的焦虑信息还可让宝宝将来过度敏感、适应能力差。

其实，新生儿缺陷率仅在4%～6%，现代医学已经足够发达，只要定期孕检，绝大多数缺陷都会被提前发现，准妈妈一定要相信科学。如今的现代分娩方式也越来越人性化，近期，国内知名妇产医院引进了新式导乐分娩技术，用非药物的镇痛方法，可以缩短产程并最大程度地减轻孕妇生产时的痛苦，让孕妇安全快乐地自然分娩。

焦虑症主要是由心理原因造成的，因此，要避免“怀孕焦虑症”应该更多地咨询专业机构，去了解相关信息，或阅读一些相关的材料。目前，咨询的机构比较多，但专家提醒孕妇应该选择比较权威的机构。通过这种相互的交流和了解，孕妇能够消除心中的不确定性，从而保持母婴的健康。

准妈妈要树立自信。既然自己在妊娠期营养良好，不涉烟酒，没有病毒感觉又没有滥用药物，就不易出现难产或胎儿畸形的情况，杞人忧天只会给自己增添烦恼。不仅如此，对家庭生活方面的琐事，也要胸襟开阔，不要计较家人的态度，避免生闷气和发怒。同时，孕妇还要尽量少看有强烈刺激性的电影与电视，以免引起过度的情绪波动。

孕期焦虑是孕妇常见的一种心理障碍，可到医院进行专业的心理指导。此外，孕妈妈自己也应对分娩知识有所了解，可到医院专门为孕妇开设的孕妈咪大学堂去听专业课程。还可适当参加一些户外运动，如短途旅游、做孕妇操等，同时保持充足的孕期营养和充分的休息，为宝宝创造最佳的发育环境。

我的孩子不听话——强迫焦虑

越来越多的家长，不停地抱怨："孩子什么也不跟我们说。""我一开口他就烦，摔门就走。""拿起电话，至少讲半个钟头，也不让我们听。""把考试成绩藏起来，不告诉家长。""关上门，不让大人进他的屋，我不知道他一晚上到底在干吗。"

这不都是孩子的错！别再跟青春期的孩子较劲了！

昨天下午，我出差到上海。感受上海的美景之余，我又抽空拜访了一位老朋友。如今他在上海开了一间小型的心理诊所，从另外的朋友口中得知，他的生意挺好的，他那收入都快赶上中产阶级了。起初我并不信，直到我亲自走进他那间不大的小屋时，我才知道了什么叫做生意火爆。

他看到我便停下了手中的事，让他的一名助手接待余下的患者，他换了一件外套就陪我走了出来。"生意不错嘛！"我一拳打在了他的肩膀上，多年的朋友让我们之间形成一种默契。他笑了笑说："也并没有你们想象得那么风光，就是每到临近6月的时候，诊所生意就突然变得红火，因为来的都是一些家长，咨询一些孩子的心理问题。"

"孩子能有什么大不了的问题？最多早恋呗。"我开玩笑似的说。

可没想到他却严肃地说："有时候，孩子身上发生的问题并不比我们自己身上的问题小，就拿上周接待的一对母女来说吧。两个人之间的矛盾已经快到无法调和的地步了。”

“哦？这么严重？”我有些吃惊。

他点了点头，和我聊起那对母女的事情。自从进入初三以来，宁宁便没有了自由，不能自己支配时间，整天埋在那堆黑压压的复习资料中。妈妈把宁宁刚买的羽毛球拍没收了，挂在墙上的明星海报也被没收了，换成了“学习计划”“十不准”等计划、规则和一抬头就可以看见的“快学习”的警告条。爱看电视的宁宁也得向电视机说“拜拜”了，每天放学回家，除吃饭以外，宁宁都被束缚在小书房里，而且每天不到深夜一点钟不能睡觉。

有一次，宁宁把老师和妈妈布置的作业都完成了，把第二天要上的课也预习了，正好妈妈又不在家，于是她轻松地伸了个懒腰，顺手打开那久别的电视机。不料刚刚打开电视没多久，妈妈就回来了。顿时，她沉着脸，对宁宁吼道：“不去搞复习，你还有时间看电视？你看隔壁的彩云姐姐都考上了县一中，你看你怎么比得上她，肯定连高中都考不上……”后面的话，宁宁一句也没听进去，委屈的泪水顺着脸颊直流下来。从那之后，宁宁便一直把自己反锁在屋子里，一步也不肯出门，更别提上学了，无论父母怎么说都没用。

生活中很多父母认为自己对孩子体贴入微，照顾周到，而孩子却不领情，反而处处发难，令人伤心。其实，孩子是没有理由故意为难父母的，很多不愉快都是由父母的教育方式不当造成的。宁宁的妈妈当然是爱女儿的，但在她的教育中有很强的专制成分，对女儿管得太严、太苛刻，这等于剥夺了孩子的自主权，遭到反抗是很正常的。

在物质生活十分丰富的今天，孩子们的成长出现了一些矛盾的现象：房屋的空间越来越大，心灵的空间越来越小；外界的压力越来越大，内在的动力越来越小。这些矛盾常常让孩子们成长得很不快乐。对此，现代父母一定要当心，给孩子足够的自由，对一些无关紧要的事情，少管或不管，让他们养成独立生活的习惯；同时，避免他们因这些小事产生逆反、对抗心理，从而拒绝父母对他们的管教。

在国内某重点初中连续几年对学生的心理问卷中，95%的学生表示：最大的烦恼，就是“家长唠叨”，主要是妈妈唠叨。说起“唠叨妈妈”，学生们恨不能开一场控诉和声讨会。

问到“面对唠叨的应对办法”，孩子们的回答基本是：“装听不见”“不理她，让她唠叨够了”“她说她的，我干我的”“说急了就顶撞几句”。这些才刚上初中的孩子，已经在拒绝家长们的教育了。

但在家长的潜意识里，自己永远是对的，孩子总是错的；自己处处在为他们着想，是孩子不懂父母的心。有的妈妈明确说：“我紧着唠叨，他还不听；如果不说，不定成什么样呢！”

心理专家认为，家长唠叨的效果无非是：痛快痛快嘴，孩子或不理或顶撞而惹一肚子气，拉大了与其情感上的距离，阻塞了交流的通道，封闭了孩子的心扉，堵住了孩子的嘴。这些对孩子的成长非常不利。青春期，恰恰是人最有想法而想法又不成熟、不容易准确的时期，最希望有人倾听、理解、解惑的时期。可是，家长们十分专横地把说的权利留给了自己，只顾自己排解。该说的说，不该说的也说，说说说，愣是把孩子说腻烦了。孩子只有当听众的份儿，他们一肚子的话，却无处倾诉。

好父母，不一定是好家长。

家长爱发这种牢骚：我能做的，我都做了，可他怎么就不理解我的良苦用心啊？问题是：你能做的你做了，但是你该做的却没做！

你做了些什么？无非是给孩子花钱上好学校，买名牌自行车、名牌鞋、衣服，甚至开车送孩子上下学。你该做的是什么？首先，以身作则做到了吗？这一点太重要了。家长的一举一动，无意间，对孩子起着潜移默化的影响；家长的不良行为习惯，已经影响到了孩子，还不自知，还一个劲儿地抱怨，甚至为此打骂孩子。

青春期是孩子心理变化最激烈的时期，也是产生心理困惑、心理冲突最多的时期。很多家长并不了解自己的孩子，更不知道自己的一些语言和行动会对其产生很大影响。一位母亲就曾在网上焦虑地说，女儿今年13岁，因为长得漂亮总有一群男生围着。“我宁愿她长得丑些，成绩可以更好些。”

“焦虑的家长越来越多，他们时常认为是孩子出了问题，实际上是家长的心态病了。很多语言如果运用不当，会影响父母与孩子的关系，也会对他们的心理造成一定的负面影响，比如，家长和孩子在争论一个问题，家长往往不愿意去倾听孩子的心声，他们会习惯性地将自己的思想强行灌输给孩子，并武断地认为孩子的想法是幼稚、错误的。”一位心理咨询师说，当家长意识到自己错了，应放下架子，勇于在孩子面前承认错误，不要怕丢脸。

当孩子遇上学习问题，亲子沟通其实是更有效解决问题的方式。而生活中一旦孩子学习出了问题，家长想到的是马上去寻找老师。但沟通不应该仅限于家长和老师之间，亲子沟通才是最重要的。父母要多去了解孩子在想什么，然后用自己的语言和行动去引导孩子往健康的方向成长。

想起孩子的学习成绩就彻夜难眠——儿童焦虑

由于给老妈过生日的原因，周四这天下午我就和公司请了假，匆匆忙忙地回了家。回到家的时候看见母亲正在家里看电视，是一个关于儿童教育的节目。我“噗嗤”笑了出来，坐在她身边开玩笑似的说：“妈，我都多大了？怎么还看啊？”

谁成想老妈竟然叹了口气，说道：“还不是你老姨家的孩子，太不让人省心了。”

“怎么了？”对于老姨和老姨夫一家子我平时关心得不多，也不了解他们家的事情。

老妈就一边削苹果，一边说着下午和我老姨视频时知道的事儿。

老姨与老姨夫都是高学历，平时夫妻俩感情也很好。他们的儿子小龙14岁，正在读初中，小龙性格很好，对爸爸妈妈也很孝顺，在一般人看来，这个家庭是很美满幸福了。但是老姨就是对小龙不满意，因为小龙的读书成绩只是一般。一想到这个问题，老姨就会唉声叹气，小龙每次一考试，考前老姨就烦躁得不得了，每次小龙成绩出来，她就彻夜难眠。

要说小龙的成绩也不是特别差，但就是一直上不去，不能拔尖。花了大把的钱，家教请过不知多少，但是不管请多少家教，他的成绩还是那个样子，老姨就觉得很奇怪，夫妻俩都是高学历高智商，以前读书都很优秀，可小龙怎么会这样呢？她越想越灰心。

现在糟糕的是，老姨每次想到儿子的事就会头痛，没有心思工作，而且整夜都睡不着。老姨也总是希望小龙争取考上重点高中，在这样的重压之下，小龙越来越不爱学习，最近的考试成绩都很不理想，上课也经常走神，遇到难题更是恐慌。

看到小龙的状况，老姨越来越上火。

现实生活中，高学历父母对儿女的要求往往比普通父母更高。但是过高的期望容易诱发高压力和高焦虑，因此他们通常会犯同一个错误：一味追求“完美儿女”，从而忽略了孩子的感受。这样不但不能达到预期效果，反而容易导致孩子压力过大、心理脆弱。所以望子成龙必须讲究科学方法，定目标也要参照孩子的实际情况，否则将适得其反。

其实在我老姨的家庭中，老姨才是最需要矫正心理的。她的心理不仅造成家庭气氛压抑，而且由于她的心理驱使她反复唠叨，而这种沟通方式对孩子的进步无效，对破坏一家人的融洽氛围却很有效。

记得亚里士多德说过：“人在初生时是一个非常可恶的小动物。”要把孩子这个“小动物”培养成人需经过十几年、二十几年的“人化”过程，如果在教育使之“人化”的过程中，作为人最基本的东西没有去提供和满足，而总是希望通过知识的教育和智力的开发来让孩子“人化”，这样便走进了一个很大的误区，最后孩子“人化”的过程就不完善。

在电影《闪亮的风采》中，钢琴师的一生就是个悲剧。父亲粗暴地只要求他单纯学习钢琴技能，最后导致他在技艺上成为大师，在精神上却变成了一个残疾。在我们的现实生活中，这种事情都不同形式，不同程度地存在着。大部分家长都犯过类似的错误，只是程度不同而已。父母都认为孩子此时此刻最重要的任务是学习，这一点没错，关键是学习什么？怎么学？如果孩子的兴趣、潜能被开发出来的话，学习将会是一件轻松愉快的事情。反之，孩子是在被父母强迫和高压下机械地学习，那对孩子来讲学习就是一种灾难，太痛苦了。

许多家庭里有父母认为打骂完孩子后只要哄好就没事了，不会给孩子造成伤害。其实这是在教育孩子过程中的一个大误区。孩子在被打骂完之后，表面上哄好没事了，实际上被打骂的感觉永远地存留在他的潜意识里，但他自己并不知道，直到成年以后总是出现一种紧张、焦虑、自悲、情绪低落的状态。这实际上是孩子在童年被父母打骂时，一个恶性“心锚”留在潜意识里，构成了他成年后的潜意识性格。一旦有相同的环境因素触发，便会诱导出他过去被打骂时的一种生理反应——恐惧、焦虑，这在心理学上叫做“心锚”。

孩子在七岁之前很难搞清楚为什么会被打骂，只有通过年龄的增长和生活的经历，他才能理解为什么同样的行为会有不同的待遇。如果父母破坏性地打骂完孩子，一旦伤害了孩子的自尊心，就很难再调整过来。孩子的天性是讨好父母，只有做一件事情能给他带来快乐，又能获得父母的确认、表扬、鼓励，他才会积极地去做；一旦他所做的事被否认或受到批评，他的生理上就会发生反应，神经系统开始僵硬，表现出思维迟钝、行动缓慢的状态，既做不好，也学不会。

人的思考模式是联想运作，人脑中的任何两件事都可能形成联系。童年所受到的伤害会永远存留在孩子的潜意识里，所以父母千万不要掉以轻心。

而另一方面，现在很多家长的普遍做法是只要孩子学习，其他的事别管，从小把孩子教育得就不负责任，成为生活的旁观者。如果孩子从小不被引导去关心别人，理解别人，长大后就会我行我素。一旦这些道理在他们心中形成牢不可破的价值观和信念时，这一生的失败就会不可避免。

所以，对孩子从小就进行如何做人的品德教育，是人生的根本，是取得成功的关键。否则，光让孩子学习知识而不引导他做人，最后的结果可能是知识没学会，人也没做好。

什么事都往坏处想——悲观性焦虑

一次朋友聚会上，有人问我，为什么最近总把很多事情往坏处想，比如开车，担心在拥挤的道路上会不会与别人发生剐蹭；家人出门久未归，担心是不是在外面出事情了……诸如此类，她不喜欢自己这样想，有没有什么办法解决，希望我可以给她些帮助。

当时，我跟她说："其实有些时候我也会有这样的想法，比如怀疑自己是不是锁门了，从床上下来再检查一遍，路上堵车的时候总是想完了，完了，肯定会迟到，月底的奖金没了。可能是我们都缺乏些安全感吧。"

跟她分享完这些后，她说："哦，原来不是我一个人有这样的想法呀。"

我说："是，在这点上，你不孤单，人们或多或少会幻想一些糟糕的事情。"

生活中，我们常会见到这样一类人，他们在做任何事情之前，都要预设种种困难，把结果想象得非常糟糕，似乎他们所做的事情一定不会成功，失败才是正常的。而他们的这种心理设想，往往就真的变成了现实。心理学上把这种心理现象称之为"期待性焦虑"，是指担心即将发生的事件会出现最坏的结局，时刻等待不幸的到来所表现出的消极心态。

期待性焦虑的情景性与经常不能达到目标或不能克服障碍，致使自尊心与自信心受挫，或使失败感和内疚感增强的某些活动相关。在以后从事类似的活动之前，由于存在着挫折感，主观上就会认定这些活动可怕并构成威胁，从而引起紧张不安、担忧害怕的期待性焦虑。例如考试屡屡受挫的学生，在考试前夕甚至离考试还有一段时间，就会显得紧张、焦躁、害怕，时时处于恐惧状态之中，致使注意力难以集中，无法进行正常的迎考复习。但如果这些活动还为期遥远，则不会出现相关的期待性焦虑。这些活动发生以后，时过境迁，期待性焦虑也会烟消云散。而在其他各种活动中，则不会出现期待性焦虑。

期待性焦虑是一种心理问题，它和在各种活动中出现的正常焦虑不同。正常的焦虑人皆有之，引起焦虑的刺激即使反复出现当事人也可逐渐适应而最终不再引起焦虑，至少可以由于逐渐适应而减少焦虑反应，例如经常参加考试的绝大多数学生，并不会引起明显的时刻等待考试失败到来的焦虑反应；而期待性焦虑一般指向的是特定的即将发生的事件，并且当事人对引起焦虑反应的活动难以适应，且有愈演愈烈的倾向，同时对活动的细微末节也极为敏感，以至于终日烦躁不安而难以自拔，失去一切情趣和希望。

如果一个人做事之前总是做失败的心理准备，那对于成功而言是没有积极意义的。做最坏的打算，其主要原因来自于客观环境和主观因素两方面。

我们做事不可能一帆风顺，客观环境可能会给我们所要达到的目标带来麻烦。所以，在做事前对困难做好充分的估计是有必要的。但是，在主观上，有些人过分夸大了困难的程度，事情还没开始做就已经被麻烦吓倒了，以至于不能积极地分析解决麻烦的途径与方法，只是一味地准备迎接失败的结局。

另外，还有些人过分低估了自己的能力，或者有过失败的经历。他们失败后，没有冷静地分析失败的原因，而盲目地认为失败是因为自己能力差。这样就造成了不良心理，总是随时做好失败的准备。

做事前如果盲目地做最坏的打算，就从单方面为自己提供了失败的心理暗示，导致自信心水平下降，人为地为成功设下了障碍。因此，我们要客观地看待困难，冷静分析成功与失败的几率。另外，我们要有自信，相信自己一定能够做好每件事情。

心理学家认为一些对自己没有自信心的人，对自己完成和应付事物的能力总是持怀疑态度，夸大自己失败的可能性，从而忧虑、紧张和恐惧。此时，不妨做一些得心应手或感兴趣的事情，以增强自信心。

假使眼前的事让你心烦、紧张，你可以暂时转移注意力，从而缓解眼前的压力。如把视线转向窗外，使眼睛及身体其他部位适时地获得松弛，或者起身走动，暂时避开不良场景，也可以通过听音乐、看电视、做运动来转移自己的注意力，使情绪得到缓解，摆脱焦虑情绪的困扰。

其实，焦虑者之所以总往坏处想，就是因为缺乏乐观心态。当你因悲观而感到焦虑时，不妨去想象一下过去的辉煌成就或一旦成功后的景象，你将很快地化解焦虑与不安。所以，期待焦虑症患者要学会宽恕自己，爱惜自己，以积极乐观的心态去面对未来。

老是纠结已经发生过的事——后悔焦虑

很多时候，我们都懂得安慰别人，过去已经过去了，不必苦苦守候，但是当这一切发生在自己身上的时候，我们却没有这样的勇气挥别过去，虽然明明知道不可能挽回什么，可是心里就是有一些不愿意抹掉的回忆。

仔细观察身边的朋友，就知道谁在炒股，投入的资金多还是少。前段时间拿着小包都嫌累要打车的，现在左手一只“鸡”、右手一只“鸭”，背上还背着个双肩包的都叫唤着要省钱挤地铁。原来逛街还在看这个包要不要下手，那个包值不值得网购，现在也闭口不提了，“本来想在股市赚到买包的钱就撤，结果现在包没了，钱也没了”。更有网上的段子手调侃“之前我吃什么狗吃什么，现在是狗吃什么我吃什么”。

随着股市的不平稳，人们又开始把投资的目光转向楼市，然而我在贴吧上却看到了这样一则帖子。帖子里楼主说自己10多年前错过了北京北四环边上一套住房，整整后悔了8年。

当初，已经马上要交付订金了，可一时犹豫，楼主最终还是放弃了。那时，这套房子尚不足90万元，如今涨到400万元。那个楼主说他每月有七八千元的收入，在北京已属中等。但就是这样的收入水平，挣足310万元，不吃不喝，也要30多年。

当然，楼主自己也有房子住。他赶上了单位最后一次分房，以较低的价格分到了一套60多平方米的老旧的“房改房”。虽然楼主没有贷款，可是后来娶妻、生子、请保姆……这几年楼主全家蜗居，生活十分局促，焦虑如影相随。楼主在帖子中说他现在非常后悔当时的决定，一想起这件事情就感到心里堵得慌，他说现在的后悔不小于电影《大话西游》中的星爷，帖子的最后他还以星爷在电影中的口吻写道：“曾经，有一套实惠的房源，摆在我面前，我却没有珍惜，人世间最痛苦的事莫过于此……如果上天能够给我一个再来一次的机会，我会对那套房子说三个字：‘买你了。’如果非要在这份按揭上加一个期限，我希望是……一万年！”

生活中每个人或许都会有这样的感觉。当人们回顾自己以前做过的事时，总觉得如果当初如何如何的话可以做得更好更完美，每次回想起那些没做好的事和说错的话时，就会产生一种难以释怀的焦虑感，虽然这种焦虑感让人觉得很不舒服，可是人们却无法摆脱这种焦虑，反而越陷越深。

有时候我们总是觉得不得不想，或者说想得太多，都快变成思维强迫了，但是其实即使再怎么想都一点益处也没有，只是在浪费时间，只是在重新经历痛苦。想的越多，不好的事情，就会让你越来越糟。

我记得小说家石黑一雄有句话说：“你不能永远总是对过去也许会发生的事耿耿于怀。”在我看来，这句话的意思是让我们放下过去，不要再执着于过去的对错，也不要再执着于过去的如果，如果当时我们怎样，现在我们就怎样了。

我们总是见到这样的人，很多事情发生后，每想一次就后悔一次，焦虑、压抑、咬牙切齿，觉得“如果当时不那样就好了”。人要知足常乐，什么事情都不能想繁杂，心灵负荷重了，就会怨天尤人。如果你简单，这个世界就对你简单，简单生活才能幸福生活。

有时候对一件事的感受，因时间的改变会有不同，当时对你来说是很痛苦的一件事，过一段时间之后，你也许会有另一番见地。尝试从不同的角度看问题，你也许会发现，痛苦并不像你想象的那样真实。

一个成熟的人应该勇于对自己做过的事情负责。对于自己做过的事情，不要后悔，因为这是你自己的选择。这样的选择，是被当时的你所认可的，因此，你没有理由去后悔。不要总是想着“也许我当时那样做就不会有这样的后果了”，要知道，不要以同一个结果去比较不同的选择，也许另外一个选择导致的结果比现在还糟糕，既然选择了，就不要后悔。只要自己尽力了，其他的一切，就让它自然发展吧，有些事只要自己努力去做了，收获是水到渠成的。不要总是想着自己会得到什么样的结果，用心去欣赏自己努力的过程，那才是你最应该记住的。

研究表明，当人的情绪处于低潮时，会对任何事情都提不起兴趣，严重的还会影响到自己的工作及生活。因此，要想摆脱这种情绪，首先应该让自己不要总是去想这些问题，转移注意力。有时候，一些事情是人们无法改变的，既然已经成为事实，不要总想着如何再让它变为虚无，尝试着去接受，去面对现实。

无论以前发生了什么，都已成事实，无法改变，唯一能够改变的就是你对待过去的态度。过去的事情，你已经为之付出很多代价了，还要继续无谓的付出而拖累今天吗？唯一可以使过去的错误产生价值的方法，就是平静地分析我们过去的错误，并从错误中吸取教训，然后再忘记错误。同时，不要为无法改变的往事空自伤悲，接受难以避免的事实吧！如果你的境况已经糟糕到极点，那就试着往上爬吧！

每个人过去有成功和失败，有人沉溺于失败中，从此一蹶不振；有人在成功中沾沾自喜，最后却不学无术。不管你的过去是痛苦的还是快乐的，一切都已成为过去。如果活在当下的我们受到过去过多不好的影响，就应该试着放开过去，寻找新的开始，回味美好的过去，以此鼓励我们前进。

第十二章

社会焦虑——改变不了环境先改变心情

最怕咱娃输在起跑线上——教育焦虑

在电视剧《虎妈猫爸》中，“虎妈”毕胜男在一次带女儿去乡下做客时，突然发现孩子什么都不会，十分痛心。

为了不让孩子输在起跑线上，她决心行动起来，不仅把寄养在父母家的女儿接回家自己带，还四处找人托关系，希望能把女儿送进重点小学。后来由于各种原因，计划落空，但是她也没有放弃，卖掉自家的大房子，买下了售价9万元1平的第一小学学区房。除了为学区房奔波，她还给女儿制定了一个文化、体育、艺术全面发展的学习计划，给女儿报了各种各样的兴趣班。

这部电视剧播出后，引起反响很大，很多人纷纷效仿。住在我家隔壁的一位朋友，女儿今年就要上小学了，她也想托人把孩子弄到名牌小学去。可是后来听说不能跨区择校，她急得六神无主。“孩子的教育不能耽误，还是买套学区房吧！”一个月后，她和丈夫、父母商量了一下，果真凑钱在市区买了套学区房。

还有一位朋友，为了能让儿子不落人一步，也和“虎妈”毕胜男一样，辞了职，在家给孩子当“家庭教师”。每天晚饭后，她就开始教孩子学英语、做数学题，一辅导就是3个小时，孩子困了她也不让睡，说是完成了任务才能上床睡觉。

类似的例子还有很多。2011年的时候，一位叫蔡美儿的美国耶鲁大学的华裔教授曾出版了一本名叫《虎妈的战歌》的书，在美国引起了不小的轰动。这本书后来我也看了，主要是讲述她如何教育两个女儿。比如，她要求女儿每科成绩必须拿A，不准看电视，晚饭后必须要连续练习弹奏一首钢琴曲数小时，期间不能喝水，也不能去洗手间方便等。她认为，只有这样孩子才能避免成为“失败者”。

但是，正如《坏妈妈》的作者瓦尔德曼所说，“‘虎妈’式的教育方式可以让一些孩子变成在卡内基大厅首演的钢琴师，同时也会让另一些孩子彻底崩溃。”

我有个朋友每个周末都会带孩子去各种补习班学习，可是孩子的成绩却越来越差。她想不明白，自己呕心沥血地付出却得不到回报，她觉得这是老天在捉弄她。

其实，她的出发点并没错，错在选择错了教育方式。作为父母，要根据自己孩子的特点给孩子定下合适的目标，提出合理的要求。比如，不能因为别的孩子天生心态比较稳定，就同样要求天生胆小、怕事的孩子也做到遇事不慌；不能因为别的孩子有争强好胜的性格，就要求本来怯懦自卑的他同样富有竞争意识。不同的孩子有不同的个性特点，片面地照搬别人的教育模式往往会适得其反。

最理想的家庭教育是尊重孩子，给予孩子更多自主选择的权利。一位专门从事家庭教育的朋友对我说，好的教养方式应该是给孩子一个空间，让他自己去发挥；给孩子一个时间，让他自己去安排；给孩子一个条件，让他自己去体验；给孩子一个问题，让他自己找答案；给孩子一个困难，让他自己去解决。

他在教育孩子的问题上，主张让孩子在轻松的环境中成长。“平时，我很少约束孩子。比如，他喜欢识字，那么我不会要求他一定要学会多少个字，也不会自作主张地给他报书法班。重点在培养孩子的兴趣，让他带着乐趣去主动学习。在这种情况下，孩子的学习效果比一味追求识字多的孩子的学习效果可能还要好一些。”

他说，周末他也会陪着孩子一起看动漫，然后聊其中的情景、故事等，帮助孩子吸收化解知识。要是有球赛，他会带孩子过去放松一下。“在孩子小的时候，就要陪孩子一起多玩，多去寻找生活的快乐，帮助孩子形成乐观的生活态度与良好的生活习惯，让孩子能够快乐地生活，体验到生活的美好。”

有的父母可能会说，孩子现在虽然比别人辛苦点，长大了就能比别人更成功更幸福。但是人生是长跑，不是短跑，过于严苛的教养方式，可能会让孩子过早地失去童年。而童年对孩子的一生是非常重要的，如果孩子没有一个幸福的童年，心灵的底片充满了阴影，那么即使他将来事业很成功，也不会幸福。

时刻关注空气质量——雾霾焦虑症

柴静的雾霾调查纪录片《穹顶之下》一经发布便席卷了网站、微博、微信朋友圈，雾霾问题再次引起了大家的瞩目。

在中国，雾霾并不是一个陌生的词。2013年1月，全国出现4次雾霾，笼罩30个省，在北京，全年仅有5天不是雾霾天。当时有报告显示，中国最大的500个城市中，只有不到1%的城市达到世界卫生组织推荐的空气质量标准，世界上污染最严重的10个城市中有7个中国城市入围。2014年2月，北京更是爆发了数年来持续时间最长、空气质量最严重的一次雾霾。当时国外媒体对此空气的评价是："有毒！"

雾霾确实有毒。2009年，美国环保署发布《关于空气颗粒物综合科学评估报告》指出，大气细粒子能吸附大量可致癌物质和基因毒性诱变物质，给人体健康带来不可忽视的负面影响，包括提高死亡率、加剧慢性病、使呼吸系统及心脏系统疾病恶化等。《欧洲心脏杂志》的一项研究就发现，患有急性冠脉综合征的病人如果过度暴露在每立方米含2.5微克可吸入颗粒物的空气中，死亡率将上升。如果心脏病患者吸入每立方米含10微克可吸入颗粒物的空气，死亡率将上升20%。

"雾霾"带给我们的，不仅是生理上的疾痛，更有那些极易被忽视的，心灵上的灰色。

雾霾主要由二氧化硫、氮氧化物以及可吸入颗粒物组成，它们与雾气结合在一起，可以让天空瞬间变得灰蒙蒙的。在长期看不到阳光的雾霾天气里，人很容易出现烦躁不安、抑郁、焦虑等消极情绪。为什么会这样呢？原来，人脑中有一个叫做松果体的腺体，它对于光线的感知十分敏感，一旦周围的环境变暗就会变得活跃，进而抑制甲状腺素和肾上腺素的分泌，使人精神不振、情绪低迷。有调查显示，在雾霾天70%的人出现恐惧、焦虑，82%的人感到情绪低落。

面对雾霾，很多人的做法就像柴静在《穹顶之下》这部纪录片中所说的那样，“盼着点儿风过日子”。但是天空中飘来一阵大风的情形毕竟是少数。

其实，在“暗无天日”的雾霾天里，驱散心情“雾霾”的最佳方法，并不是等风来，而是加强安全防护和调节自我情绪。

出现雾霾天气，要少开窗，以免有害气体流入室内。但是也别把窗子关得太严，在中午阳光较充足、污染物较少的时候短时间要开窗换气。减少出行，尤其是喜爱晨练以及买菜遛弯的老年人更要减少出门，如果想要锻炼，可以改在太阳出来后再晨练，也可以改为室内锻炼。出门时，一定要做好自我防护，佩戴口罩。在路上行走时，尽量远离马路。上下班高峰期和晚上大型汽车进入市区这些时间段，污染物浓度最高。晚上回家之后，要及时用清水清理鼻腔，预防各种呼吸道感染和鼻腔炎症的发生。

平时饮食清淡，多喝水，多吃水果蔬菜补充维生素。还可以增加食用百合、麦冬、木耳、猪血等清肺润肺的食物。适量补充维生素D，适量多吃脱脂牛奶、鱼肝油、乳酪、海产品等，来调节雾霾天气里被抑制的激素。还可以多吃一些有助于缓解不良情绪的食物，比如香蕉，一些研究显示，香蕉中含有大量的“快乐素”，不仅能够产生令人愉悦的神经递质，还能保护人体大脑细胞免受“神经兴奋毒素”的侵害。

雾霾天气下，人很容易出现烦躁、焦虑、抑郁等各种负面情绪，此时不妨做些喜欢的事转移注意力，比如，听听音乐。不同类型和节奏的音乐有不同的调节情绪作用，琴曲《流水》、二胡曲《汉宫秋月》等有助于克制烦躁、易怒的情绪；琴曲《梅花三弄》《春江花月夜》、广东音乐《雨打芭蕉》等有助于减轻内心焦虑不安的情绪；《彩云追月》《牧童短笛》《十五的月亮》等风格的音乐有助于松弛精神、消除疲劳。

雾霾过后，多晒太阳也能有效缓解焦虑情绪。上午8点到10点的阳光下，最适宜进行户外活动，只要晒太阳30分钟到1小时，人立马就能精神起来。此外，和亲人朋友聊聊天，多参加体育锻炼，穿着色彩明快的外套也会让人心情愉悦。

很多人很压抑——公交车焦虑症

对于生活在都市的人而言，公交车是出行必不可少的代步工具。但有很多人却厌恶公交车，一看到拥挤的车厢就感到很压抑，特别是遇到天气不好的时候，更是觉得内心一片阴霾。你也许听你的朋友说过他的朋友曾在公交上丢过钱包或者手机；有时候你无法分辨身后的那只手是不小心还是故意紧贴在你的腰部以下；流感季节到来时，公交车上随处可见的白口罩也让人感到紧张……公交原本意味着快速便捷的交通，可日益壮大的客流量让许多人对它产生了焦虑。

最近闺蜜在车市买了辆二手车，她在朋友圈里感叹道："终于可以和公交说拜拜了。"

刚认识她的时候我就知道她十分讨厌坐公交，问其原因，她说："一挤公交车就要'窒息'。每天早上上班的时候，看到很多人挤来挤去的，我就会倒抽一口凉气。要是赶上夏天，就更糟糕了，空气混浊，密密麻麻的人头在眼前晃来晃去的，要不了两分钟我就会感到头晕、心慌、胸闷，手心也不断冒汗，后来竟然有一种快要窒息的感觉。所以，很多时候，还没等到站，我就匆匆下了车了，宁愿走路也不愿在车里活受罪。"

这其实就是典型的"公交车焦虑症"，"公交车焦虑症"是空间恐惧症的一种。所谓空间恐惧症，主要表现为对某些特定场所、环境的恐惧，如电影院、商场等人多拥挤的公共场所，电梯、车厢等密闭的环境等。有这类症状的人，通常不敢坐公交、挤地铁、乘飞机，甚至不敢进入电影院看一场电影。一旦进入这些狭小密闭的空间，他们就会产生紧张、心慌、冒汗、头晕、呼吸急促等症状。

心理学家认为，“公交车焦虑症”在一定程度上也是恐怖症。恐怖症的焦虑发作是由某些特定的场所或者情境引起的，患者不处于这些特定场所或情境时是不会引起焦虑的。例如害怕社交场合或者人际交往，或者害怕某些特定的环境，如飞机、广场、拥挤的场所等。恐怖症的焦虑发生往往可以预知，患者多采取回避行为来避免焦虑发作。有些人就是害怕坐地铁或者公交车，只要乘坐上述交通工具，他们就会焦虑发作，极其痛苦，为了避免焦虑发作，他们就打出租车上下班，因为坐出租车他们就没事。

“公交车焦虑症”产生的原因有很多种。有的人认为，在相对封闭的空间里，个人的自由受到了限制，失去了操控感，于是，便害怕乘车了，我的闺蜜显然就是这种情况；有的人是因为害怕自己在车上会突然晕倒或出丑，因此便害怕乘车；还有的人，因为与某人关系紧张，所以只要公交车上有人说话或者打手机就想象着别人正在诋毁自己，因此不敢乘车，哪怕明明知道他们的聊天与自己无关也无济于事。

也有患有强迫症的一些人，特别讨厌“公交”两个字，每次外出总是努力让自己不去想到“公交”两字，但越是不去想，反而越会想着这两字，最后只好选择逃避。另外一些人害怕桥梁、山洞或者是隧道，当他们穿过这些地方时，会觉得特别恐慌，有一种迷失方向的感觉。

闺蜜曾向我取经如何应对公交车焦虑症，当时我给了她这几个建议。

1.转移注意力。坐车的时候，不妨闭上眼睛，听一些轻松愉快的歌曲或者做几次深呼吸，尽量不去想那些不开心的事情。如果手边有书的话，低下头来用心阅读，把周边的世界抛向一边。如果是和熟悉的人一起乘车，可以和他们聊聊聊天，不知不觉中时间会过得飞快。

2.不要呆着不动。在公交车上坐着不动或者是站着不动都会增加人的焦虑感，这个时候最好起身走动起来，若无法走动，不妨试着收缩及放松各部位肌肉，这种放松能够很好地缓解人的焦虑情绪。

上面的两种方法并不能从根本上消除人的“公交车焦虑症”。心药还得心药医，以毒攻毒，越是怕什么就越是要勇敢面对什么。怕高，就经常靠着窗边站一站，怕拥挤封闭的空间，就经常选择在狭小的空间里呆一呆，时间久了，就会发现没什么可怕的。

另外，心理学家也表示，紧张总是伴随着一系列的身体上的不适。根据强化理论，如果紧张时我们太在意自己的身体某些部位的紧张反应，就相当于在强化自己的紧张行为，使其一步一步地加重。而当我们不去管自己的紧张反应后，由于紧张得不到注意和强化，紧张反应就会随着时间的推移而逐渐消退。

“路怒”族——驾驶焦虑

无论是知书达礼的小资，还是风度翩翩的白领，当有车族握紧方向盘时，都容易变得脾气火爆、乱飙脏话、情绪失控，碰到堵车或擦碰就有动手的冲动。

上个礼拜，有天早上睡过了头，急忙穿衣洗漱，刚一出门便碰上同一公司开车的同事。他看到是我，便摇下车窗对我点了点头，示意我上车。我拉开车门坐了进去，并且想到“看来今天运气不错”。然而，没过一会儿，在路口等红灯时，我同事下意识的牢骚与谩骂却让我原本很好的心情蒙上了一层阴影。而且我也觉得很奇怪，在一起共事了一年多，虽然对他谈不上有多么了解，但是往日文质彬彬的同事实在看不出也会如此暴躁。

当我下班时和另一个朋友说起这件事时，他却很淡定地说：“哦，很正常。不骂几句心里不爽，这是不少有车一族的‘路怒症状’之一。我觉得你同事应该患上路怒症了。”

提到路怒症，我特意百度了一下，在众多的信息之中我看到了一则新闻。之前，深圳发生一起“私家车车主挥拳打晕执法交警”的暴力事件：9月13日11时许，福田大队园岭中队交警林警官在园岭五街处理交通事故期间，遇到一辆不断鸣笛的私家车。由于该路段禁止鸣笛，林警官对车主王某进行了批评教育，不料王某突然挥拳将林警官打晕在地，致使其颈椎受伤后入院治疗。目前，警方以涉嫌妨害公务罪对王某立案调查，王某或面临三年以下有期徒刑。事后，打人者王某表示，事发时正值中午，自己载着妻儿赶着回家吃饭，看到由于交警处理事故造成了交通拥堵，内心十分焦急，一气之下动了手。

现如今，由于私家车数量与日俱增，交通拥堵状况愈演愈烈，社会生活节奏日渐加快，越来越多的人患上了“路怒症”。

路怒，顾名思义就是带着愤怒去开车，指汽车或其他机动车的驾驶人员有攻击性或愤怒的行为。“路怒症”通常表现为：开车“骂人”成常态；驾车情绪容易失控，一点堵车或碰擦就有动手冲动；喜欢跟人“顶牛”，故意拦挡别人进入自己车道;开车时和不开车时脾气、情绪像两个人；前面车辆稍慢就不停鸣喇叭或打闪灯；危险驾驶，包括突然刹车或加速，跟车过近等。而最容易引发“路怒症”的行为或状况是随意超车、强行并变线、路口肆意加塞插队、变向不打转向灯、喇叭按起来没完、开车太慢、车流过大、堵车等。

在私家车越来越多的今天，胡乱变线、强行超车、闯黄灯、骂粗口……的通病在汽车社会特别是大城市里已经见怪不怪了。在美国，职业司机患病比例达30%以上；上海的调查显示，长途汽车司机心理障碍发生率高达80%，私家车主为44.4%。

从大环境上来说，这是人口日益向大城市集中，资源有限引发的一种城市病。对于该如何抢到更多的资源，人们会存在一种很深的生存焦虑感和不安全感。体现在交通上，就是如何最大程度地抢先，先通过一个绿灯，先抢到一个车位，先到达目的地。

从个人层面上来说，开车的时候一旦掌握到了方向盘，可以把车开到任何自己想要去的地方，就会有一种操控感，一种全能感。这种全能感能给个人带来满足，深层次上是一种自恋层次上的满足。当外界有人无意或有意影响到这种全能感的时候，人的自恋情绪受到了挑战，为了消除无能为力的无助感，人就会用各种方式，来要求其他人要按照自己的意愿自己的想法来运行。被动一点的表现为背后指责一下，骂几句，主动一点的就直接表现为当面吵架、打人等。

“路躁”情绪如果长期被忽视，就会对司机的身心健康和安全驾驶带来不良后果。一名负责处理车祸查勘定损的工作人员称，根据他对车祸现场查勘定损数据的不完全统计，每年约20%的车祸事故都与车主“路怒症”作怪，与其他车辆相互斗气所致。

2007年10月，一名莫斯科司机，因为嫌过斑马线的行人步子太慢，并且对他的喊叫不加理睬，便异常愤怒地掏出手枪，一下就放倒了3名行人。路怒症开始受到关注。2008年4月28日晚7时，江苏省宿迁市的宿邳公路，一辆黑色轿车撞死一男童并造成一成人重伤后，疯狂逃窜。开车的男子马某某被抓后，在自责速度过快，造成悲剧的同时，竟怪家长没有管好孩子，声称是“给横穿马路的人提个醒”。

开车路上减压，避免坏情绪伴随的方式有很多种，你一旦觉得心烦气躁，不妨尝试以下做法。

咀嚼口香糖，一些研究发现，在驾驶过程中咀嚼口香糖能提高司机的积极情绪及感觉，咀嚼口香糖时间越长，司机违规的次数越少；保持车内适宜温度；多做几次深呼吸；试着与前行车辆保持一定车距；开窗让新鲜空气进入车厢；将车停在路边稍事休息；有心事的时候可以先打个电话给好朋友倾诉一下，心情舒畅后再上路；车上放一张家人幸福的小照片，不开心的时候看一看；堵车时多听听音乐放松心情，或者换位思考，看到别人变更车道插队，可以理解成他是要急着上班，而不是恶意挑衅。

此外，我还归纳了网友给出的缓解路怒症爆发小窍门，希望能帮到有需要的各位：多想想罚款和扣分结果；提醒自己言行会给孩子树立榜样；多看车祸音像资料，提高危险意识；保证充足睡眠，因为睡眠质量直接影响驾驶水平；将车内时间调慢3分钟，减轻赶车负担。

此外，尽量避开容易引发“路怒症”的特定时间和地点，人车拥挤的集市、施工地段、学校门口以及上下班高峰，这些特定的地点、时间行人和车辆较多，车行速度较慢，应尽量避免；更不要酒后驾车，以免愤怒情绪被酒精点燃。若不良反应高频、高强，则需要及时进行心理咨询或向他人倾诉。总之，莫让路怒症致使“淑女变泼妇，绅士变流氓”的滑稽和暴力画面再度上演。

就怕错过一班地铁——地铁焦虑症

在楼梯最后一级台阶上倒着一只高跟鞋，不远处有一位妙龄女子……你以为这是“灰姑娘”的现代版？其实却是个赶地铁的小白领冲下站台时绊了一跤，这会正坐在地上痛苦地揉着脚。不过是乘个地铁，又不是午夜12点被“打回原形”，何苦这般急躁？

有统计发现，在地铁站外，人们的步频约2.2步/秒；在地铁入口到安检口这段，步频普遍提高到3～3.3步/秒，而田径运动中的竞走步频也才3.5步/秒；通过安检口、刷票机，下楼到站台的路上，有些乘客干脆先小跑几步，看到地铁没进站才放缓步伐。上班高峰时这样的情景并不少见，而在平时即使不怎么赶时间，人们似乎也难以摆脱这种焦急的心理。一位形色匆匆的乘客说自己并没有急事也不赶着回家：“只是周围的人都走得很快，我也跟着走快了。”到了地铁站就会习惯性加快步伐，对于这种“就怕错过一班地铁”的情绪，心理专家称为“地铁焦虑症”。

虽然赶地铁的焦虑心理还不至于被归入某种“症”，但在快节奏的都市生活中，这样的心理确实比较普遍。心理学家认为导致这样焦虑情绪的原因可能是受A型性格驱使。

心理学家表示，A型性格跟A型血没有任何关系，这只是一种容易感到被时间压迫的性格特征，主要表现包括:走路、吃饭等节奏很快，对事情的进展速度容易不耐烦，总是试图同时做两件以上的事情，无法处理休闲时光，等等。“很多人步履匆匆只争朝夕，赶地铁赶公交走路都飞快……除了担心上班迟到这样的客观因素之外，主观来看很可能是这种性格导致的。”长期面对满满的日程表、抱有追求完美的心态，这类性格对身体的负作用其实不容小觑，比如易患冠心病、高血压等心血管疾病，也可能诱发胃溃疡等，所以呼吁大家要适度地“慢生活”，经常提醒自己放慢脚步，放松心情。

心理学家还认为，“从众心理”也是导致人们赶地铁的原因。人是会互相影响的，“可能你平时走路不快，但置身于周围人集体赶地铁的情境中，就会不自觉地加快步伐了”。

拥有“地铁焦虑症”的上班族，除了调节心理的“内在”方案，网友和专家也纷纷支招，建议地铁方面的“外在”硬件设施应该更加给力。

曾去新加坡出过差的“夏天童话”提议，国内地铁站可以学习新加坡的经验，把现在设在站台的倒计时电子牌“复制”到各个地铁出入口，让大家尽早了解列车进站时间。而在网上，“夏尔的猫”补充说，鉴于各个出入口到安检口的距离不一，是否可在“倒计时”外增设“距离安检口多少米”一项，方便乘客计算进站时间。不过，很多网友对此建议则有些担心，万一到入口时看到地铁即将进站，大家蜂拥而进，高峰时段会不会发生恶性事故？另外，有网友建议，可以增强手机软件的开发力度。如之前上线的“上海地铁”APP可以同步显示站台上的“列车进站倒计时”，希望技术人员能推出具有更完善功能的其他相应软件。

害怕飞机坠毁失事——飞行焦虑

自从马航事件后，我收到了很多邮件。其中一个自称“回到老街”的网友说自己乘坐的飞机在飞往美国芝加哥途中出现了一次严重颠簸，吓得她在飞机上哭起来。哭过后，她干脆闭上眼睛，还把一件衣服包在头上，到达目的地后才睁开眼睛。她说：“我根本睡不着，但我必须闭上眼睛。这样我才能告诉自己，‘什么也看不见，盖上衣服什么也听不到，发生什么事都与我无关’！”

身边这样的人也不少，我和老程是忘年交，他今年53岁，这些年生意做得很不错，经常要跨省奔波，但他很少选择坐飞机出差。

前不久，因为生意上的一点事比较棘手，需要老程去上海一趟处理。老程只好给员工买了机票，让他们先行过去应付，自己却选择在火车上颠簸10多个小时。后来，我们聊天说起这事，我笑话他是“农民企业家”。

老程患的是“飞机恐惧症”，据他的老婆王女士说，每当老程要坐飞机时，出发前一夜，老程总要给她再三嘱咐：家里的现金藏在什么地方、银行卡密码是多少、谁谁谁还欠他多少的工程款没付。“他每次要坐飞机，就神叨叨的，说的话让人觉得就和生离死别一样。

在一起吃饭，我们常常拿这事调侃他。他说：“你们没有经历过，不知道那种感觉，真是痛不欲生。”

“飞机恐惧症”属于心理障碍的一种。“恐飞症”集中表现在中青年人群当中，产生“恐飞症”的一个原因是，一些灾难片对这类人群的心理造成了负面影响，另外一个原因就是身体原因，有人有“空间幽闭症”，机舱门关了以后，窗户也不能打开，密闭的环境会让他们产生恐惧心理。

一提到坐飞机就直冒冷汗？放心，没什么大不了。美国《赫芬顿邮报》总结了七个小妙招，帮您克服旅行途中的飞行焦虑，让您身心愉悦，开心去旅行。一起来看看吧!

1.找出恐惧的源头。找出你害怕坐飞机的原因，是克服飞行焦虑症的重要一步。不同的人对飞行的关注点不一样，因此他们害怕的内容也不相同。举个例子，有的人害怕颠簸，即使飞机稳稳起飞也感到恐惧不安;有洁癖的人则会担心密闭的机舱里会滋生许多细菌，并因此感到焦躁。找出恐惧的源头，能够帮助游客意识到自己的恐惧毫无根据，这是克服“飞行焦虑症”的第一步。

2.树立正确的观念。很多时候，“飞行焦虑症”都出自游客心中假想的灾难，对飞行多一些了解，你就会明白自己原来的想法是没有丝毫根据的。飞机是世界上最安全的交通工具。中国民航学院安全科学研究所所长孙瑞山说：“按每百万次飞行发生的有人员死亡的空难事故次数计算，1991年是1.7次，1999年降到1次以下，2000年再次下降到0.85次。按2000年的概率算，117.65万次飞行中才发生一次死亡性空难。假如有人每天坐一次飞机，要3223年才遇上一次空难。而以路程为标准的安全度量单位来看，即平均每飞行1000公里死亡的人数，自上个世纪70年代中期以后大约为0.05个，远远低于铁路和公路。”飞机出事故的概率相对于其他交通工具是很小的，飞机和汽车的比例是1：3000，和火车的比例是1：1000。飞机依然是毫无疑问最安全的交通工具。

3.习惯飞行噪音。飞机降落时，巨大的轰鸣声让人以为，飞机的轮子都要掉了——这个时候，往往是“飞行焦虑症”的高发期。其实不必担心，你看，行李架上的行李和面前的小桌板都只在轻轻晃动，这只是正常的飞机降落。有时候，克服飞行焦虑症只需要对飞行多一点了解。在出发前，最好阅读相关资料，明白飞行途中颠簸和噪音是正常现象。

4.收看气流预报。颠簸是飞行途中再正常不过的现象——飞机遇上普通气流或驶入云层当中都会发生，但摇晃的感觉却总让人觉得不安。一名飞行员设计了一款名为“气流预报”的手机应用软件，它详细地介绍了气穴和风暴等可能引起飞行颠簸的因素。了解越多，你就越淡定。

5.带一张旅行目的地的照片。看着照片上的目的地，想象你已经身在那里，能够有效缓解飞行中的焦虑现象。除了照片，也可以是手机上的图片或者明信片等，一切能触发你美好想象，让你不东想西想的物体都可以。此外，你也可以想象你身处在一个安全的、让你觉得舒适和安心的地方，比如，你的卧室、宁静的沙滩等。闭上眼睛，放松心情，开始美好的想象吧。

6.拒绝咖啡和美酒。咖啡因和酒精会让飞行途中的游客出现脱水症状。有的人上飞机前感到焦躁不安，便来杯酒，放松心情。这种做法是不可取的，因为酒精会让人体更加不适应飞行的状况，并会加重时差综合征。上飞机前喝点水，吃点小零食或水果是不错的选择。

7.看书或电视剧。旅行途中，带本你已经开始阅读的书籍，或者观看某部你感兴趣的电视剧，是转移注意力的好方法。机舱里的设计很温馨，里面有电视和杂志等，能让乘客的注意力从巨大的噪音和颠簸中转移出来。

最担心买到假货——网购焦虑

在传统购物交易中，消费者能够辨别商品是否为真，因此可以用较为相当的价格买到较为中意的商品；而在网上购物交易中，由于空间的限制，消费者有时不能辨别商品的真伪，因此在用较高价格买到后，自然会异常失望，抱怨网上假货多。

为什么要网上购物，某位热衷网上购物的达人已经回答了这个问题，“网上购物方便又实惠”。实际上方便未必方便，实惠才是最主要的。据周围有过网上购物经验的人士反馈，绝大多数人是因为价格的原因才进行网上购物的。人们进行网上购物，一句话，是冲着便宜去的。

既然抱着这样的心理去购物，就难免被网上某些价格超级优惠的商品吸引。既然要便宜的，那卖家只好拿假货来卖，双方都“心甘情愿”，运营商也只能睁只眼闭只眼。所以，知假卖假，知假买假，运营商由于自身利益的原因不肯真正去监管，是造成网上商品中假货泛滥的根本原因。

因此，消费者不要过分贪图便宜，而选择真正物美价廉的商品，卖家约束自我行为，不以次充好做一锤子买卖，运营商采取措施加强监管，三方协作，这才是解决网上商品中假货泛滥的根本途径。

网购平台上确实存在着不少的假货，但是只要掌握一定的方法还是可以避免买到假货的。除了假货，咱们说说水货。水货，目前的定义只要不是在大陆销售的就都算水货，实际上来说，水货也是真货，只不过是在大陆不能被保修而已。那么，这样的产品不能算假货，买到手也可以放心使用。网上的电子产品除真货和水货之外就是假货，但是也有一个有意思的地方，电子类商品中的假货集中在零配件上，如风扇、电源、散热器等，因为这类商品技术含量低但是利润高。如某些内存卡，真品至少在300元以上，而假货200元左右就可以拿到，因此在网上购买此类商品一定要小心，购买前一定要在相关论坛上学习学习，还可以去商品的官方网站查看一下规格、图片等。现在一些大的厂商很重视中国市场，都设立了中文网站，很多公司的官网还有辨别真假的教程，多看多学，还是可以很大概率上避免在网上购物时买到电子类商品的假货的。

但一般来说，普通消费者都不希望花费大量时间辨别真假，因此我整理了几条快速辨别真假的小建议，供大家参考。

第1招：看LOGO识保障。

购物网站上商品琳琅满目，每个卖家描述商品的方式也不同，逛着逛着很可能你就犯晕，更别说分辨商品的真假好坏了。其实在拍拍、淘宝等热门的购物网站上，平台商对卖家资质都有审核，并设有消费者保障机制，我们应该挑选那些通过审核最多，保护措施最完善的卖家。

以拍拍网为例，在每个商品介绍页面我们都能看到一些小LOGO，这些代表了卖家对商品质量与售后服务作出的承诺。如使用财付通购买带有“先行赔付”LOGO的商品，在确认收货后的14天内如果出现质量问题，买家可以申请拍拍网先行赔付；“7天包退”说明买家在确认收货后7天内如果不满意可以申请无理由退款；“正品”则允许买家在14天内认为商品是假货后，可以选择和卖家自行协商退换货还是发起假一赔三投诉；而“诚保代充”是指卖家须在承诺时间内代充到买家指定账户，否则买家有权对卖家发起投诉，并申请赔付。目前拍拍网上所有商户的所有商品都已具备上述各种诚保LOGO。

这些LOGO代表的保障能最大限度地维护消费者利益，卖家要获得这些LOGO都需要经过平台商的资质审核，并缴纳一定的保证金。

网友真实经历：

被遗弃的黑乌鸦：最近谋划着和好友去云南，四下搜集装备，相中一款哥伦比亚登山包，标价799元，在拍拍网一个诚保店铺这款包包仅卖99元，店家保证绝对正品，于是拿下！收到货傻眼了，包包很明显是仿制品，于是投诉到拍拍要求全额退款，客服在搜集相应证据后果断按“先行赔付”的诚信条款全额先行赔付了我。

第2招：选商城更靠谱。

商品的可靠程度跟卖家的进入门槛有关，一般而言商城的卖家会比普通卖家更可靠，因为他们需要符合平台商提出的各种要求，其中包括商品质量与售后服务的要求。所以选择淘宝商城卖家比一般淘宝卖家可靠，QQ商城卖家比一般拍拍卖家可靠。

网友真实经历：

小鱼鱼大仙人：目前来说买的数码电器没有碰到假货，最近在QQ商城给妈妈买了一台豆浆机，有发票，可以联保的说。个人觉得吧，选准平台是首要的，另外我坚持通过财付通、支付宝付款，而且现在QQ商城的商家都还挺靠谱的，类似网上的“专卖店”吧，多对比就是了。

第3招：看评价辨好坏。

听听前人的意见，往往是了解商品可靠程度的最直接方法，看看商品的成交记录以及买家评价就知道了。但我们要小心提防那些卖家自己弄虚作假“造”的交易评价，凡是匿名写的或者同一个买家多次提交的，都很可能是虚假的评价。要是卖家得到的评价是100%好评，那你也要小心了，正所谓“太完美未必是真的”。

网友真实经历：

安琪拉：我的打假秘笈是“一个必须”——必须使用支付宝、财付通等在线支付工具，即使见面交易也要如此；“两个注意”——注意阅读物品描述，向店家询问清楚，是否二手、生产日期、保质期、保修期等，注意查看评论，好评占多数差评占少数是最好的，全是好评或者全是差评或者大多数是差评，那就要小心。

第4招：保留聊天记录。

保留跟卖家沟通的证据很重要，聊天记录往往是平台介入解决问题的重要依据。在你拍下商品之前，卖家可能作出各种承诺，当你付款后，承诺能否兑现就是另外一回事了。白纸黑字的聊天记录这时可以作为一个保证，卖家想赖也赖不掉。

网友真实经历：

阿诺不是辛格：去年在拍拍网买了10个联想移动硬盘，花了约4000元，店家保证是正品，全国联保。收到货大概两周，就有同事反馈有两个移动硬盘陆续出现了毛病。于是我苦命地找到当地的专卖店进行维修，但是专卖店却认定这两个移动硬盘不是正品。我赶紧找到了拍拍网客服进行投诉，客服让我提供与卖家的聊天记录及专卖店鉴定的结果等资料。核实后，拍拍网就按诚保承诺，先行给我“假一赔三”了。我后来看到，拍拍网还对店主进行了警告惩罚，并且下架了那些非正品商品。

第5招：用好了再确认。

收到货后确认本来是一件理所当然的事情，但为了保障自己的利益，买家在收到商品的第一时间应该是先试用商品，一般卖家寄出商品后，买家有长达10天的时间确认收货，在这个期限到来之前，用好了商品，真的没有不妥当的地方再确认也不迟。因为一旦确认收到了商品，交易就会关闭，货款就直接转到了卖家的账户上，这时才发现有质量问题，再想追究卖家会很麻烦。

网友真实经历：

叫我小歪：网购后不要急忙去确认付款，要先试用一段时间，等确定商品没有质量问题，再去确认。我一般都是确认付款后过几天再评价，这样保险一点。如果买到的假货在维权期限内出现问题还好办，网站有固定的规则去维权；如果不在维权时间内，那也可以找客服人员投诉，不过效果就不太好了。加入了“消费者保障计划”的卖家，客服的处理方式是直接扣消保里的钱；未加入的卖家，客服则要和卖家协商，最后由卖家提出处理结果，卖家和买家双方共同协商。所以大家买东西还是尽量选加入消保的卖家。